Figma UIデザイン

アプリ開発のためのデザイン、
プロトタイプ、ハンドオフ

沢田俊介 | Shunsuke Sawada

日本語版
対応

SHOEISHA

本書内容に関するお問い合わせについて

本書に関する正誤表、ご質問については、下記のWebページをご参照ください。

正誤表　　　　　https://www.shoeisha.co.jp/book/errata/
刊行物Q&A　　　https://www.shoeisha.co.jp/book/qa/

インターネットをご利用でない場合は、FAXまたは郵便にて、下記にお問い合わせください。電話でのご質問は、お受けしておりません。

〒160-0006　東京都新宿区舟町5
㈱翔泳社 愛読者サービスセンター係
FAX番号 03-5362-3818

※ 本書に記載されたURL等は予告なく変更される場合があります。

※ 本書の出版にあたっては正確な記述につとめましたが、著者や出版社などのいずれも、本書の内容に対してなんらかの保証をするものではなく、内容やサンプルに基づくいかなる運用結果に関してもいっさいの責任を負いません。

※ 本書に掲載されているサンプルプログラムやスクリプト、および実行結果を記した画面イメージなどは、特定の設定に基づいた環境にて再現される一例です。

※ 本書に記載されている会社名、製品名はそれぞれ各社の商標および登録商標です。

● はじめに

本書はFigmaの基本的な使い方から始まり、実践的なデザイン制作、UIデザインのルールや効率的な作業方法、エンジニアへのハンドオフまで一気通貫して解説しています。アプリ開発に関わるすべての方を対象としますが、以下のような方には特に役立つ内容です。

- UIデザイナーを目指す方
- エンジニアとの連携を改善したいデザイナー
- 開発ツールとしてのFigmaを学びたいエンジニア
- 現場のワークフローを把握したいマネージャー

FigmaはUIデザイン制作になくてはならない存在です。高品質なデザインやプロトタイプを作成できるのはもちろん、デザイナーやそれ以外のメンバーとのコラボレーションを念頭に設計されています。20年のキャリアの中でさまざまなツールを試してきましたが、Figmaほどチームのコミュニケーションを円滑にするツールはありませんでした。2022年7月に世界に先駆けて日本語版がリリースされ、9月にはAdobeの傘下に入ることが発表されたりと、変化し続けるFigmaですが実は設立から10年が経過しています。アプリケーションとして成熟しつつも、常に新しい機能を提供してくれるFigmaは世界中のUIデザイナーに愛用されています。

そんなFigmaの機能を網羅的に解説しつつ、アプリ開発の知見を活かした複合的なノウハウを提供するのが本書の役割です。画面をつくるだけがUIデザイナーの仕事ではありません。美しさと機能性を両立させ、なおかつ実装を考慮したUIとデザインの管理方法まで考えてこそ、現場で活躍できるデザイナーでありプロジェクトを加速させられます。そんなデザイナーが一人でも増えてくれたら、という思いで本書を構成しました。

本書を執筆するにあたり多くの方々にご尽力いただきました。私のオンライン講座を見てお声がけくださった翔泳社の関根康浩さん、素晴らしい編集と的確な助言をしてくださった鷹野雅弘さん、テクニカルチェックやβリーダーに協力してくれた友人とJapan Figma User Groupのみなさま、Figmaの日本語化対応やイベントにお力添えをいただいたFigma Japan株式会社の川延浩彰さんと関係者のみなさまに、この場を借りて御礼申し上げます。

2022年11月
沢田 俊介

● 目次

イントロダクション

Chapter 1
基本的な操作

Chapter 2
生産性を上げる機能

Chapter 3
ワイヤーフレームを作成する

Chapter 4
プロトタイプを作成する

Chapter 5
詳細デザインを作成する

Chapter 6
デザインのハンドオフ

Chapter 7
ノンデザイナーのためのFigma

◉ 本書を読む前に

本書の構成

前半のリファレンス編、後半のプラクティス編で構成されており、最後の章はエンジニアとプロダクトマネージャー向けの解説です。

Chapter 1 〜 Chapter 2：リファレンス編

Figmaの機能を網羅的に解説します。

Chapter 3 〜 Chapter 6：プラクティス編

写真投稿アプリを題材にして、ワイヤーフレーム、プロトタイプ、詳細デザインを作成します。

Chapter 6ではエンジニアにデザインを渡す「ハンドオフ」を解説します。

Chapter 7：ノンデザイナーのための Figma

エンジニアとプロダクトマネージャー（PdM）向けにデザインファイルの扱い方をまとめています。

ウェブサイト制作への応用

本書はスマートフォン向けのアプリデザインを作例にして解説を進めますが、Figmaの使い方、ワイヤーフレーム、プロトタイプ、ハンドオフなどの知識は、そのままウェブサイト制作へ応用可能です。

プロトタイプとは

アプリの使い勝手や顧客の反応を確かめるために用いる試作品のことを「プロトタイプ」といいます。デザインや開発の手戻りを最小限にすることができ、プロジェクト全体を大きく効率化します。

サポートサイトとサンプルファイル

本書に掲載しているURLのリンクや、Chapter 3以降の「サンプルファイル」を公開しています。サポートサイトをご利用ください。

🔗 https://figbook.jp/

サンプルファイルの利用方法

上記URLから、該当するサンプルファイルのURLを開いてください。Figmaのデザインファイルが開きます。

ツールバーから[下書きに複製]を選択すると自分用にファイルが複製されます。

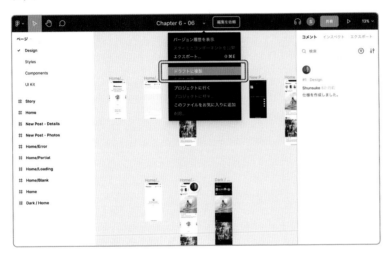

memo

執筆時点では[ドラフトに複製]になっていますが、[下書きに複製]が正しい表記です。お読みになるタイミングによっては変更されていると思いますが、「ドラフト＝下書き」として読み進めてください。

サンプルファイルは個人の学習以外の目的でご利用いただけません。再配布はご遠慮ください。

サポートサイトとサンプルファイルは公開を終了する場合があります。終了する際はサイト内で告知します。

使用画像について

本書で使用する画像はUnsplash（https://unsplash.com/）からダウンロードしています。Unsplashは商用利用可能な写真を無料で提供するウェブサービスです。利用する前に規約（https://unsplash.com/license）をご確認ください。

アップデート情報

本書に掲載している操作方法などは変更される可能性があります。あらかじめご了承ください。以下のURLからFigmaのアップデート情報を確認でききます。

🔗 https://releases.figma.com/

動作環境

2022年9月23日

ウェブブラウザ版の最小システム要件

- Chrome 66
- Firefox 78
- Safari 13
- Microsoft Edge 79

デスクトップ版の最小システム要件

- Windows 8.1（64bit版）
- macOS 10.12（macOS Sierra）
- ウェブブラウザ版が動作するLinux OS
- ウェブブラウザ版が動作するChrome OS

モバイルアプリ

デザインを確認するためのモバイルアプリは以下の端末に対応しています。

- iPhone（iOS 14.5以上）
- Androidスマートフォン（Android 8以上）

キーの表記

キーの表記には日本語キーボードを使用します。

USキーボードをお使いの方は以下のように読み替えてください。

日本語キーボード	USキーボード
;	=
¥	\

括弧の表記ルール

本書では以下のように括弧を使い分けます。

［ ］	ツール、メニュー、プロパティ
「 」	テキスト入力など
〔 〕	レイヤー名

Introduction

イントロダクション

デザインをはじめる前に、Figma の特徴、アプリ開発の工程、学習のゴールなどの全体像を確認しておきましょう。UIデザイナーなら知っておいた方がよい「単位」についても解説しています。

◉ Figmaの特徴

UIデザインとコラボレーションに特化した機能がFigmaの特徴です。

無料で使える

ファイル数などに制限はありますが、ほぼすべての機能を無料で使用できます。

クロスプラットフォーム

MacとWindowsに対応しており、なおかつウェブブラウザでも動作するクロスプラットフォーム設計です。エンジニアはデザイナーと同じファイルを参照できるので両者の連携が強化されます。

共同作業

コラボレーションを前提としたツールであり、複数人が同じファイルを同時に編集できます。

効率的な作業

コンポーネント、バリアント、オートレイアウトなど、デザイン作業を効率化するための機能が充実しています。

プロトタイプ

インタラクションの再現度が高く、本物のアプリと見分けがつかない高品質なプロトタイプを作成できます。

ミラーリング

スマートフォン用のアプリでミラーリングして作業中のデザインやプロトタイプをリアルタイムで確認できます。

プラグイン

コミュニティによってさまざまな用途のプラグインが公開されています。プラグインを自作する仕組みも用意されており、拡張性に優れています。

⬤ アプリ開発の工程

以下の工程を経てアプリがユーザーに向けて公開されます。

企画

誰にどんなサービスを提供するのか、なぜアプリなのか、どうやって収益化するかなど、プロダクトとしての方向性を定めます。その方針に従ってプロダクトマネージャー（PdM）が仕様を作成します。

デザイン

ワイヤーフレームで構成を確認し、プロトタイプや詳細なデザインを作り込みます。全体的なユーザー体験を構築すると同時に、実装に必要な情報を整理します。

実装

仕様とデザインをコードに落とし込みます。ユーザーの目に触れる部分を作るフロントエンド、サーバーの処理や運用を担当するバックエンドに大別されます。UIデザイナーはフロントエンドのエンジニアと連携を密にします。

リリース

アプリストアに並べるための作業です。iOS、Androidともガイドラインに沿った審査があり、規約違反の指摘があれば修正して再審査が必要です。以下のURLはiOSとAndroidのデザインガイドラインです。

Human Interface Guidelines（iOS）
🔗 https://developer.apple.com/design/human-interface-guidelines/

Material Design（Android）
🔗 https://material.io/

⬤ アプリ開発の主要メンバー

☺ プロダクトマネージャー	☺ UIデザイナー	☺ エンジニア
アプリの成長と改善に関する責任者です。アプリの企画を仕様に落とし込みます。	見た目の美しさだけでなく、機能的なUIを考えます。本書の想定読者です。	仕様とデザインを受け取り、コードを記述してアプリを作ります。多様な専門分野があります。

● 企画の確認

本書のプラクティス編では、写真投稿アプリの企画が決まっていることを前提とします。Chapter 3に進む前には、こちらの内容を改めて確認してください。

ユーザーフロー

企画からデザインに落とし込む際に、ユーザーフローと呼ばれる資料が作成されます。ユーザーが何を見て（See）何をするか（Do）を明確化したものです。実際には多くの画面と分岐が書き込まれますが、本書に関係のある内容に限定するため以下のように簡略化しました。

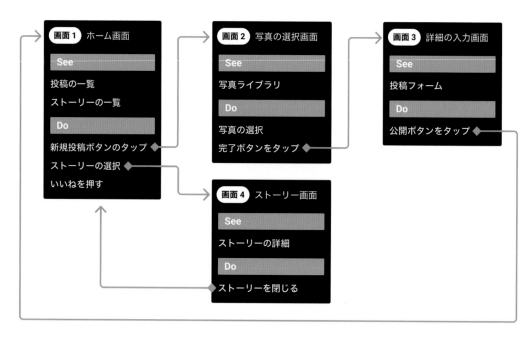

4つの画面が存在し、画面1→2→3→1の移動と、画面1→4→1の移動が想定されています。

言葉の定義

ストーリーは「24時間後に自動で削除される投稿」と定義します。このような言葉の定義も企画段階で確認しておきましょう。

ユーザーストーリー

ユーザーフローの前に「ユーザーストーリー」という文章を作成する場合も
あります。ある機能がユーザーにどのような価値を提供するかを簡潔に示
したもので、抽象度が高く、具体的な開発をスタートする前の議論に使用
されます（画面④の「ストーリー」とは関係ありません）。

画面デザイン

以下はプラクティス編のゴールとなる主要な画面です。単に同じ見た目を
作るだけでなく、細かなインタラクションや実装への考慮も含めて解説して
います。

画面①:ホーム画面

アプリのメインとなる画面であり、スクロールして
投稿写真を閲覧します。画面上部のプロフィール
写真をタップするとストーリー画面に移動します。

画面②:写真の選択画面

新しい投稿を作成する画面です。写真を選択し、
右上の［Next］ボタンで次の画面に進みます。

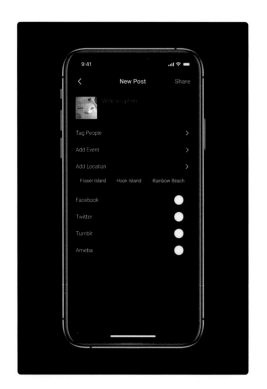

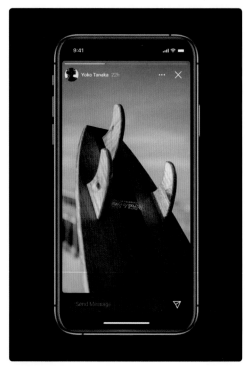

画面③:詳細の入力画面

投稿の詳細情報を入力する画面です。右上の
[Share]ボタンをタップすると投稿が完了し、ホー
ム画面に戻ります。

画面④:ストーリー画面

ホーム画面でプロフィール写真をタップすると表示
されます。右上の⊠をタップしてホーム画面に戻
ります。

◉ 単位について

UIデザインの「1」は物理的な「1pixel」を意味しません。以下にその理由を
解説しますが、少し専門的な内容になるため、さっと目を通したらChapter
1に進んでください。

画面解像度とピクセル密度

ディスプレイに表示される総ピクセル数を「画面解像度」といいます。また、
1インチあたりのピクセル数を「ピクセル密度」といい、数値が高いほどより
高精細なディスプレイです。iOSではppi（pixel per inch）、Androidで
はdpi（dots per inch）と表記されます。

iPhone SE (2nd Gen)

iPhone 13 mini

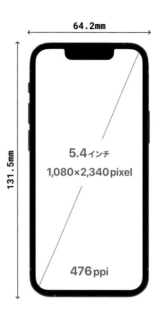

iPhone SE (2nd Gen)
67.3mm
138.4mm
4.7インチ
750×1,334pixel
326ppi

iPhone 13 mini
64.2mm
131.5mm
5.4インチ
1,080×2,340pixel
476ppi

	画面サイズ （物理的な画面の大きさ）	画面解像度 （総ピクセル数）	ピクセル密度 （1インチあたりのピクセル数）
iPhone SE (2nd Gen)	4.7インチ	750 x 1,334pixel	326ppi
iPhone 13 mini	5.4インチ	1,080 x 2,340pixel	476ppi

ピクセル密度が異なる場合、同じピク
セル数の描画は同じ見た目になりませ
ん。デバイスによって実質的なサイズ
が変わってしまうため、レイアウトの
単位としてpixelは使えません。

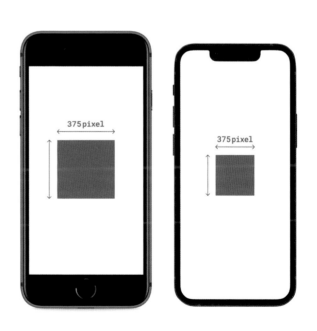

375pixel

375pixel

Point（pt）

iOSアプリのレイアウトにはPoints（pt）という単位が使われます。iPhone
SE（2nd Gen）の横幅は375ptであり、375を2倍すると画面解像度の
750pixelに変換できます。この倍率を「@2x」と表現します。

@1x

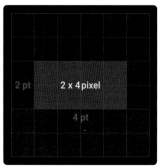

@2x

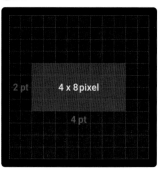

@3x

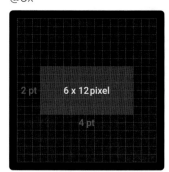

	レイアウト	倍率
iPhone 3G	320 x 480pt	@1x
iPhone SE (2nd Gen)	375 x 667pt	@2x
iPhone 13 mini	375 x 812pt	@2.88x
iPhone 13	390 x 844pt	@3x
iPhone 14	390 x 844pt	@3x

Density-independent pixel（dp）

Point（pt）と同じ概念であり、Androidアプリのレイアウトに使用されま
す。Androidには非常に多くのデバイスが存在するため、個別のデバイス
ではなくピクセル密度でカテゴリー分けされます。

識別子	ピクセル密度	倍率
ldpi	~120dpi	@0.75x
mdpi	~160dpi	@1x
hdpi	~240dpi	@1.5x
xhdpi	~320dpi	@2x
xxhdpi	~480dpi	@3x
xxxhdpi	~640dpi	@4x

CSSピクセル（px）

ウェブデザインのレイアウトには「CSSピクセル（px）」を使用します。単に
「ピクセル」と表現されることが多いですが「pt」や「dp」と同じく論理的な
単位です。物理的なピクセルを「デバイスピクセル」と呼んで区別します。

Chapter 1

基本的な操作

FigmaはプロのUIデザイナーが愛用するツールですが、インストールなしで気軽にはじめられます。まずは基本的な機能の使い方を習得しましょう。

1

01 Figmaをはじめる

Figmaはクラウド上で動くアプリケーションであり、デザインを作成するには会員登録が必要です。

◉ アカウント作成

以下のURLを開き、右上の［サインアップ］からメールアドレスとパスワードを登録してください①。Googleアカウントでログインも可能です②。

🔗 https://www.figma.com

> **インターネット環境**
>
> Figmaはオフラインでも動作しますがインターネット常時接続が推奨されています。なるべく回線が安定した環境で作業しましょう。

登録すると確認メールが送信されます。メールに記載されている［メールを確認する］をクリックしてアカウント作成を完了してください。

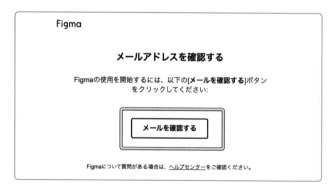

Googleアカウントでログインした場合、このステップは不要です。ログインするとFigmaの初期設定が始まります。

● 初期設定

表示される画面の説明に従って情報を入力してください。

チーム名を決める

チーム名を入力して[チーム名を指定]ボタンを
クリックします（チーム名は後で変更できます）。
ここでは「UI Team」に設定しました。

コラボレーターを招待

共同編集者を「コラボレーター」として招待でき
ます。最初は必要ないのでダイアログ下部の[こ
のステップをスキップ]をクリックしてください。

料金プランの選択

Figmaの料金はチーム単位で支払います。たと
えばプロフェッショナルプランで3人のデザイナー
を登録する場合、年間契約なら$12×3=36US
ドルがそのチームの月額の費用です（2022年9
月23日時点）。

まずはスターターを選択しておきましょう。ファ
イル数に制限がありますが、ほとんどすべての
機能を利用することができ、無料でUIデザイン
の制作を始められます。

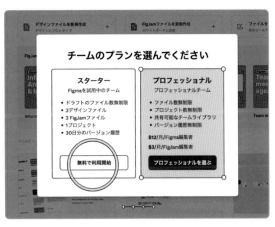

ファイル作成

新しいファイルを作成するよう促されますが、まずはダイアログ下部の[テンプレートを使用しない]を押してスキップしてください。

以上で登録のプロセスは完了です。左ナビゲーションにチーム名が表示されます。

チーム名の下にある[チームのプロジェクト]を選択してください。プロジェクトの中には[〜 team library]という自動生成されたファイルがあります。

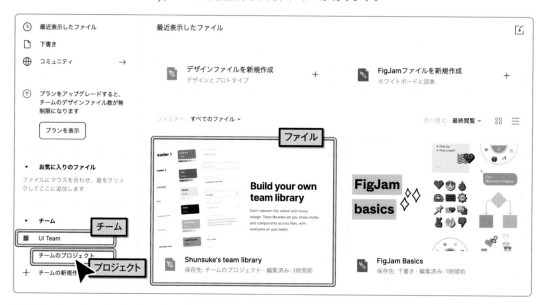

以下はスターター（無料プラン）とプロフェッショナル（有料プラン）の主な機能比較です。このほかにビジネスとエンタープライズという管理機能が強化されたプランもあります。

	スターター	プロフェッショナル
料金	無料	12USドル／月（年払いの場合）
プロジェクト数	1	無制限
ファイル数	3（下書きは無制限）	無制限
バージョン履歴	30日間	無制限
チームライブラリ	スタイルのみ利用可	スタイルとコンポーネント

2022年9月23日時点

memo

本書ではスタータープラン（無料）を利用します。各プランの価格と機能詳細は以下のURLをご確認ください。

https://www.figma.com
/pricing/

● 組織とファイル構成

Figmaは「チーム」、「プロジェクト」、「ファイル」という3階層で構成され、それぞれの階層に編集者と閲覧者を招待できます。「下書き」というファイル数に制限がないスペースもありますが、無料プランの下書きには編集者を追加できません。

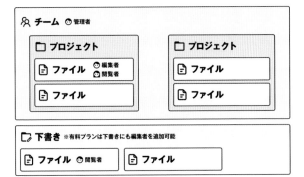

組織が大きくなりプロジェクト単位では管理しきれない場合、複数のチームを作成できるビジネスプランを検討しましょう。デザインの資産をチーム間で共有できる上、アカウントと各ユーザーの下書きを含むファイルを中央管理できます。シングルサインオンなどのセキュリティ面の機能も強化されます。

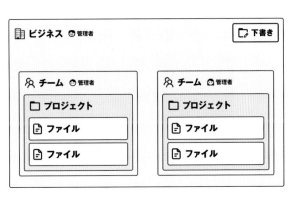

最上位のエンタープライズプランは5階層で構成され、企業の組織構造をFigma内で表現できます。承認制の外部ゲストメンバーやSCIM（ID管理システム）を使った権限管理によって、さらにセキュアな体制を構築できます。新規メンバーの権限や参加チームを予め登録できるなど、管理コスト軽減につながる機能も追加されます。

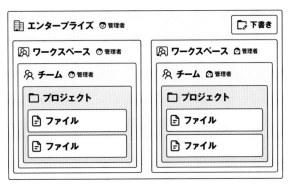

memo

組織内の編集者の数で料金が決まります。意図しない編集者への昇格を防ぐため、限定閲覧者という権限もあります。

● ウェブブラウザ版

Figmaをウェブブラウザで使用する場合は、次の作業を行ってください。

フォントインストーラー

ウェブブラウザ版の初期状態ではPCに入っているフォントを読み込むことができません。以下のURLから「フォントインストーラー」をダウンロードしてください。MacとWindowsに対応しており、Chrome OSとLinuxは対象外です。

🔗 https://www.figma.com/ja/downloads/

memo

ブラウザにChromeを使用する場合は、環境設定を開き[ハードウェアアクセラレーションが使用可能な場合は使用する]のオプションを有効化します。

有効にできない場合はアドレスバーに「chrome://flags/」を入力して試験運用オプションを開き、[Override software rendering list]を[Enabled]にします。

設定を変更したらChromeを再起動しましょう。

memo

Microsoft Edge、Safari、Firefoxのブラウザを使用する場合は、最新版にアップデートすることでFigmaをはじめる準備が整います。なおInternet Explorerのサポートは終了しています。

拡大率を100%にする

ウェブブラウザの拡大率が100%でない場合、重要なUIが表示されない可能性があります。各ブラウザのズーム設定を確認してください。下図はGoogle Chromeの例です。

⦿ デスクトップ版

ウェブブラウザで動作する Figma ですが、デスクトップ版のインストールも可能です。Mac と Windows に対応しており、以下の URL からダウンロードできます。

🔗 https://www.figma.com/downloads

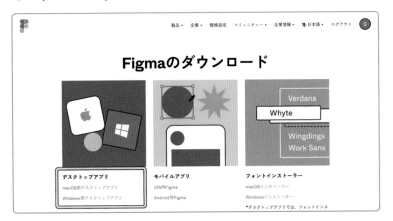

インストールしたアプリケーションを起動するとログインを求められます。[ブラウザでログイン]をクリックし、作成済みのアカウントでログインするとウェブブラウザ版と同じ画面が表示されます。

本書で使用するフォント

Figma は「Google Fonts」というフォントライブラリが最初から有効になっています。Android アプリの標準フォントである「Roboto（英語）」と「Noto Sans JP（日本語）」はどちらも Google Fonts に含まれています。iOS アプリの標準フォントは「SF Pro（英語）」と「Hiragino Sans（日本語）」ですが、Windows をお使いの方は利用できません。

本書では Mac と Windows のどちらにも対応するため「Roboto」を使用します。

02 インターフェース

● 新規ファイルの作成

UIデザインを格納するための「デザインファイル」を作成します。プロジェクトページで[デザインファイルを新規作成]をクリックすると、新しいデザインファイルが開きます。

FigJamというファイル形式も存在します。FigJamはアイデアの共有には便利ですがデザインには向いていません。

UIデザインを作成する際は[デザインファイルを新規作成]を選択してください。

削除されたファイル

誤ってファイルを削除した場合、[下書き]①に移動して[削除済み]タブ②を開きましょう。ファイルを右クリックして[復元]を選択すれば削除されたファイルを復元できます。

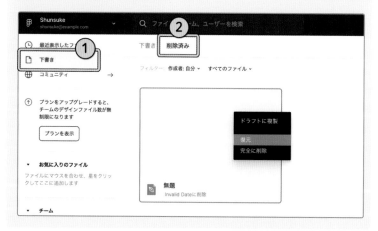

● 作業スペース

Figmaの作業スペースは大きく4つに分けられます。

① キャンバス

デザインを作成するスペースです。

Ⓐ アプリの各画面は、「フレーム」と呼ばれる枠に収まります。

Ⓑ 同じファイルにアクセスしているユーザーがいる場合、マルチプレイヤーカーソルとして表示されます。

Figmaのファイルは「ファイル > ページ > フレーム」という階層構造を持っています。ファイルの中には複数のページを作成することができ、ページには複数のフレームを作成できます。フレームはさらに別のフレームを入れ子にできますが、**アプリの画面となるのは最上位のフレーム（トップレベルフレーム）のみです。**

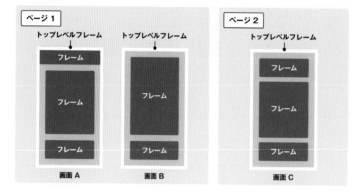

② 左パネル

ファイル内のオブジェクトが一覧で表示されます。ほとんどの場合で[レイヤー]タブを使用します。

Ⓐ **検索と置換**	オブジェクトの検索やテキストの置換が可能です。
Ⓑ **[レイヤー]タブ**	ページとレイヤーを管理する領域です。
Ⓒ **[アセット]タブ**	「コンポーネント」と呼ばれる再利用可能なパーツが並びます。

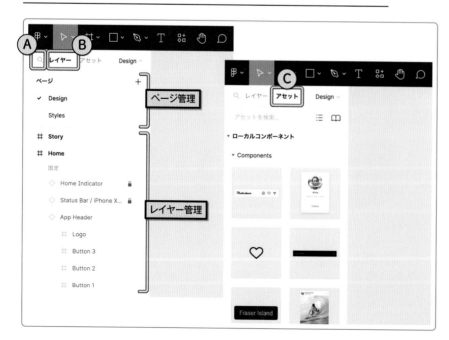

③右パネル

個別のオブジェクトに関する領域です。何も選択されていなければキャンバスとファイルの情報が表示されます。主に使用するのは［デザイン］タブです。

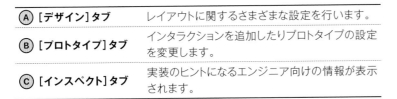

Ⓐ	［デザイン］タブ	レイアウトに関するさまざまな設定を行います。
Ⓑ	［プロトタイプ］タブ	インタラクションを追加したりプロトタイプの設定を変更します。
Ⓒ	［インスペクト］タブ	実装のヒントになるエンジニア向けの情報が表示されます。

④ツールバー

デザインファイルの操作、オブジェクトの新規作成、共有設定などはツールバーから行います。

ツールバー左側

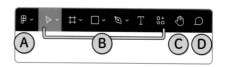

Figmaの機能が包括的に収納されています。

(A) ブラウザ版でプロジェクトページに戻るには、こちらから[ファイルに戻る]を選択します。

(B) オブジェクトの追加、移動、拡大縮小に関するツールが集まっています。

(C) キャンバス上を移動するためのツールです。キーボードの [space] を押している間だけは[手のひら]ツールに切り替わります。

(D) コメントモードに切り替えます。追加されたコメントは右パネルに表示されます。

ツールバー中央

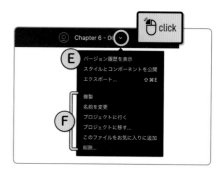

(E) 選択すると右パネルにファイルのバージョン履歴(変更履歴)が表示されます。

(F) ファイルの複製、名称変更、移動、削除が可能です。

ツールバー右側

(G) 同じファイルにアクセスしているユーザーと音声通話を開始します。無料のスターターブランでは利用できません。

(H) 同じファイルにアクセスしているユーザーの一覧です。

(I) ファイル共有の設定パネルを開きます。

(J) プロトタイプを起動します。

(K) 拡大率の変更、マルチプレイヤーカーソル表示の有無、スナップの設定などが可能です。

● ファイルの共有

画面右上の[共有]をクリックすると、ファイル共有の設定パネルが開きます。

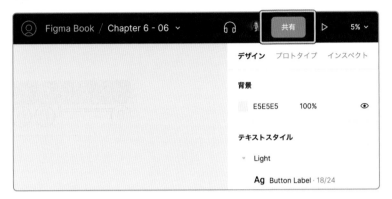

ファイルを共有するには、招待メールを送信するかURLをコピーします。

①メンバーの招待	メールアドレスを入力して[招待を送信]をクリックすると、このファイルへの招待メールが送信されます。
②共有設定	• **リンクを知っているユーザー全員**：このファイルのURLを知っている人なら誰でもアクセスできます。（初期設定） • **リンクとパスワードを知っているユーザー全員**：パスワードを設定できます。 • **このファイルに招待されたユーザーのみ**：招待された人しかアクセスできません。
③メンバー	このファイルにアクセスできるユーザーの一覧です。ユーザーごとの権限設定やユーザーの削除が可能です。
④URLのコピー	ファイルのURLをコピーします。

● ショートカットの一覧

ショートカットの一覧を表示するには、画面右下の ❓ アイコンをクリックして［キーボードショートカット］を選択します。

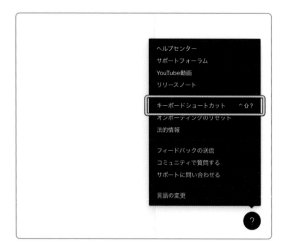

ショートカットを実行すると一覧のキーが反応するので正しく押せたかどうかを確認できます。

ショートカット一覧をプレゼント！

FigmaのショートカットをA4用紙2枚にまとめました。サポートサイトの「Chapter 1」からダウンロードしてご活用ください。 🔗 https://figbook.jp/

● 環境設定

正確なレイアウトを作成するために、以下の設定項目を確認してください。

ナッジの設定

キーボードの矢印キーを使って要素を動かす操作を「ナッジ」といいます。ナッジで移動する距離を8ptに設定しておくことで、本書で採用する「8ptグリッドシステム」に従って素早くレイアウトを作成できます。

右記のショートカットコマンドを実行して「クイックアクション」を表示します。「ナッジ」と検索し、[ナッジ...]を選択してください。

SHORTCUT

クイックアクション

Mac	⌘ /
Win	ctrl /

[小さな調整]を[1]、[大きな調整]を[8]に設定します。

スナップの設定

UIデザインでは要素の位置やサイズを整数にしておくのが基本です。「スナップ」を有効にして端数が出にくい環境にしましょう。

クイックアクションで「スナップ」を検索します。以下のすべてにチェックが入っていることを確認してください。

- ピクセルグリッドにスナップ
- ジオメトリにスナップ
- オブジェクトにスナップ

03 オブジェクトとプロパティ

「オブジェクト」とは、Figmaでデザインするために用いる要素の総称です。どんなに複雑に見えるデザインでも以下のオブジェクトを組み合わせて構成されています。

詳細は後述するのでここでは概要を把握してください。オブジェクトの種類はレイヤーパネルに表示されるアイコンで判別できます。

⦿ レイヤーパネルのアイコン

アイコン	オブジェクトの種類	説明
☆	シェイプ	楕円、長方形など、シェイプツールで作成されるオブジェクトです。
∿	ベクター	アイコンやイラストを描くときに使います。描き方に慣れるには時間がかかりますが、拡大しても画質が低下しないメリットがあります。
T	テキスト	すべての文字要素はテキストオブジェクトです。
▨	画像	PCやインターネットからファイルを読み込んで画像を配置できます。アニメーション GIF 画像にも対応しています。
♯	フレーム	すべての UI 要素はフレームの中に収まります。アプリの画面はフレームであり、ボタンの外枠もフレームです。高度なレイアウトプロパティを指定できます。
⸬	グループ	フレームと似ていますが、グループはオブジェクトをまとめる役割しかありません。
❖	コンポーネント	繰り返し使用する要素の"雛形"であり、デザイン作業を効率化するための重要なオブジェクトです。詳しくは「Chapter 2 - 03. コンポーネント」で解説します。
◇	インスタンス	コンポーネントは雛形であり、そこから生成されるコピーがインスタンスです。画面のレイアウトにはインスタンスを配置します。

● フレームの作成

フレームはあらゆるオブジェクトの「入れもの」です。アプリの画面はトップレベルに配置されたフレームであり、その中に配置される小さなボタンもフレームで作成されます。**フレームが何重にも入れ子になって1つの画面デザインが構築されます。**

まずはフレームを作成して、その中に図形を追加してみましょう。

1. フレームを作成するにはツールバーから [フレーム] を選択します①。

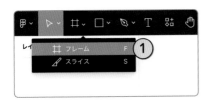

2. キャンバス上でドラッグしてフレームを作成すると②、左パネルに〔Frame 1〕レイヤーが追加されます③。

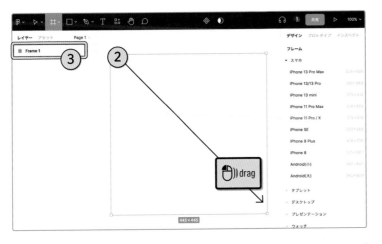

3. 〔Frame 1〕のXY座標を [X: 0, Y: 0]、サイズを [W: 400, H: 400] に変更しました④。どちらも右パネルで操作します。

四則演算

XY座標やサイズの入力には計算式を入力できます。

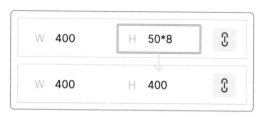

演算記号	意味	例	結果
-	引き算（減算）	500-100	400
+	足し算（加算）	200+200	400
*	掛け算（乗算）	50*8	400
/	割り算（除算）	800/2	400
^	累乗	20^2	400
()	優先順位	4*(50+50)	400

縦横比率の固定

サイズの右側にあるアイコンをクリックすると、縦横比率の固定をON／OFFできます。

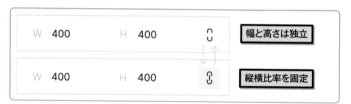

フレームの向き

縦横のサイズが異なる場合、アイコンをクリックして［縦］と［横］を切り替えられます。

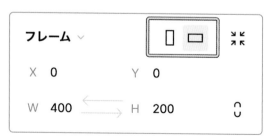

操作の取り消し

直前の操作を取り消すには
［元に戻す］コマンドを使います。

SHORTCUT

元に戻す

Mac	⌘	Z
Win	ctrl	Z

⬤ キャンバスの拡大率

画面右上の拡大率をクリックするとビュー設定が表示され、任意の数値を入力できます①。その下には拡大率を変更するメニューが並びますが②、クリックして使用するのではなくショートカットを覚えましょう。

トラックパッドがある場合は2本指でピンチして拡大率を調整できます。

拡大率のショートカット

	Mac	Windows
ズームイン	⌘ ;	ctrl ;
ズームアウト	⌘ −	ctrl −
すべてのオブジェクトが収まるように 拡大率を調整	shift 1	shift 1
拡大率を100%に設定	⌘ 0	ctrl 0

メニューには含まれていませんが、以下のショートカットもよく使用します。

	Mac	Windows
選択しているフレームにズーム	shift 2	shift 2
前のフレームにズーム	shift N	shift N
次のフレームにズーム	N	N

⬤ キャンバスの表示位置

キーボードの space を押しながらドラッグするとキャンバスの表示位置を調整できます。

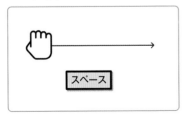

トラックパッドがある場合、2本指でスライドするとキャンバスの表示位置を調整できます。

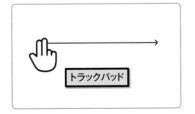

● シェイプの作成

SHORTCUT
長方形ツール

シェイプツールから[長方形]を選択し①、〔Frame 1〕の中でドラッグします②。このとき、[shift]を押したままドラッグすると、縦横が同じ長さに制限されて正方形を描画できます。

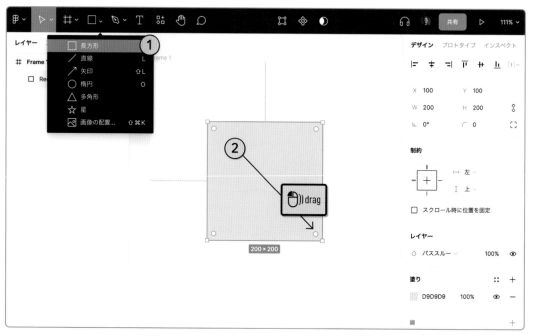

オブジェクトが入れ子になっている状態をレイヤーパネルで確認できます。**外側の〔Frame 1〕を「親のフレーム」、中身の〔Rectangle 1〕を「子要素」と呼び**、子要素のXY座標は親のフレームの左上を基準点としています。

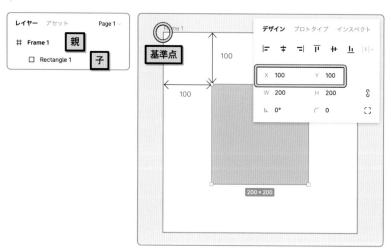

シェイプツールには長方形以外にも6種類の図形が用意されています。UIデザインでは四角形と楕円を頻繁に使用します。本書ではこの2種類のシェイプしか登場しません。

● 重なり順序と階層

オブジェクトが入れ子になる階層構造に加え、オブジェクトの重なり順序を理解しましょう。先ほどと同じ方法で長方形を追加します。位置を[X: 50, Y: 50]、サイズを[W: 100, H: 100]としました。

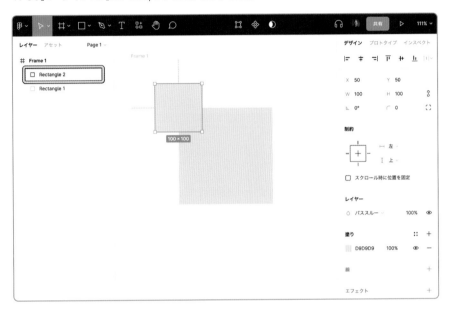

同じ色の長方形が重なっていますが、キャンバスで上に表示されているのは〔Rectangle 2〕です。**レイヤーパネルの順序はオブジェクトの重なり順序を表しています。一方、レイヤーパネルのインデントは入れ子構造（階層構造）を意味しており「フレームの中に長方形がある」ことを表現しています。**「フレームの下に長方形がある」ではないので注意しましょう。

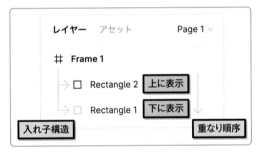

〔Frame 1〕を右クリックして［選択範囲のフレーム化］を選択すると①、新しいフレームが作成され〔Frame 2 > Frame 1〕という階層が作成されます②。〔Frame 2〕の中に〔Frame 1〕が入れ子になりましたが、オブジェクトの重なり順序に変化はありません。

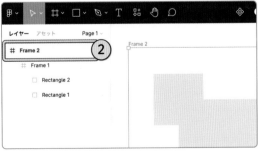

階層構造の概念図です。〔Rectangle 2〕が〔Rectangle 1〕より上に表示されており、両方が〔Frame 1〕という箱に入っています。さらに〔Frame 1〕は〔Frame 2〕という箱に入っています。

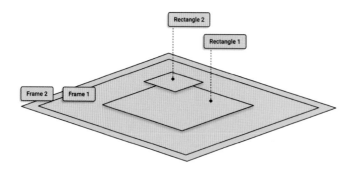

この状態から〔Rectangle 1〕をドラッグして〔Frame 2〕の外に移動します。

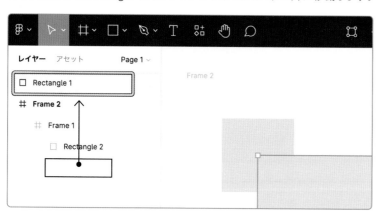

キャンバスの見た目は変わりませんが、〔Rectangle 1〕が〔Frame 2〕より上に位置しており、概念図は以下のように変化します。**レイヤーパネルの上にあるオブジェクトほど上に表示され、レイヤーパネルの右にあるオブジェクトほど深い階層に入っている**ことを覚えておきましょう。

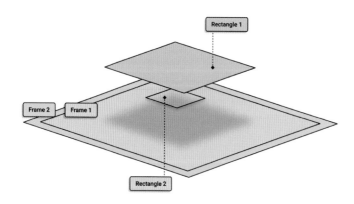

⬤ オブジェクトの移動

XY座標を変更する以外にも、以下の方法でオブジェクトを動かせます。

ドラッグ＆ドロップ

オブジェクトをドラッグ＆ドロップで移動します。フレームの内枠に合わせ
るように動かすと、オブジェクトがぴったりと吸着（スナップ）します。オブ
ジェクトはフレームの中心、水平方向の中心、垂直方向の中心にもスナッ
プ可能です。

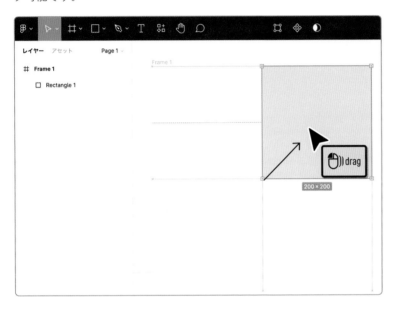

ナッジ

キーボードの矢印キーを押すとオブジェクトが移動します。 → を1回押す
と右方向に1pt移動し、 shift → を押すと右方向に8pt移動します。同様
に、 ↓ で下方向、 ← で左方向、 ↑ で上方向に移動します。 shift ＋
矢印キーの移動が8pt単位でない場合、「Chapter 1 - 02」の「環境設定」
を確認してください。

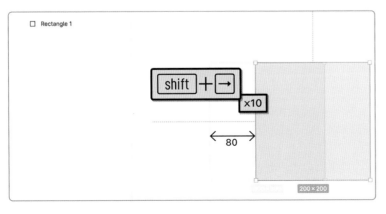

● 共通のプロパティ

オブジェクトが持っている情報は "プロパティ" と呼ばれ、右パネルで設定します。XY座標やサイズはすべてのオブジェクトに備わっている共通のプロパティですが、そのほかにも以下のプロパティがあります。

塗り

塗りはオブジェクトの塗りつぶし設定です。〔Rectangle 1〕を選択した状態で右パネルの［塗り］を確認してください。色見本をクリックするとカラーピッカーが開きます。

カラーピッカーには以下の設定項目があります。

① 塗りの種類：単色、グラデーションの［線形］、［放射状］、［画像］をよく使用します。
② ブレンドモード：重なっているレイヤーの色の混ざり方を変更します。
③ クリックして色を選択します。
④ スポイト：キャンバスから色を抽出します。
⑤ 色相を変更します。
⑥ 不透明度を変更します。
⑦ 色の表記法を変更します。本書は色を［Hex］で記載します。

Hexとは

赤、緑、青をそれぞれ2桁の16進数（00～FF）で表現し、合計6桁のカラーコードで色を表記します。カラーコードの［000000］は、赤、緑、青、すべての値が最小であり「黒」を表します。［FFFFFF］は、すべての値が最大であり「白」を表します。

プログラミングでは、カラーコードの先頭に「#」を付けて［#000000］や［#FFFFFF］と記述します。

グラデーション

グラデーションを設定するには、塗りの種類から[線形]を指定します①。始点②と終点③の色を設定すると、その間が自動的に補完されグラデーションになります。スライダーをクリックすると任意の位置に色を追加できます④。

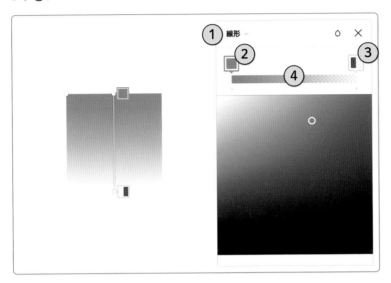

グラデーションの角度を変更するには、キャンバス上でハンドルをドラッグします。

グラデーションは[線形]のほかに[放射状]、[円錐形]、[ひし形]があります。基本的な使い方は同じですが、それぞれ特徴のあるグラデーションを作成できます。

線形	放射状	円錐形	ひし形

線

オブジェクトを選択して、右パネルにある［線］の ⊞ をクリックすると線が追加されます。

① 線が描画される位置を［内側］、［中央］、［外側］から選択できます。通常は［内側］を選択してください。
② 線の太さを指定します。
③ 上下左右の線を個別に設定します。
④ 実線を破線に変更するには詳細オプションを使用します。

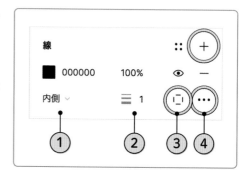

角の半径

フレームや長方形などは、角の半径プロパティで角に丸みを付けられます。数字を大きくするほど丸くなり、正方形に辺の半分の値を設定すると正円になります。アプリやウェブの実装で円を描くときも同じテクニックが使われれます。

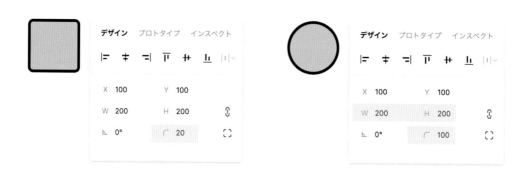

フレームと長方形は、四隅の値を別々に設定できます。

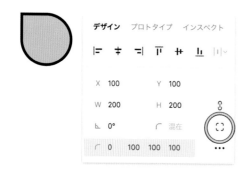

● 特別なプロパティ

プロパティによっては特定のシェイプにしか設定できないものがあります。
ここでは楕円を例に挙げて解説します。

SHORTCUT

楕円ツール

Mac	0
Win	0

ツールバーから［楕円］を選択します①。 shift を押したまま〔Frame 1〕の
中でドラッグして正円を作成しましょう②。

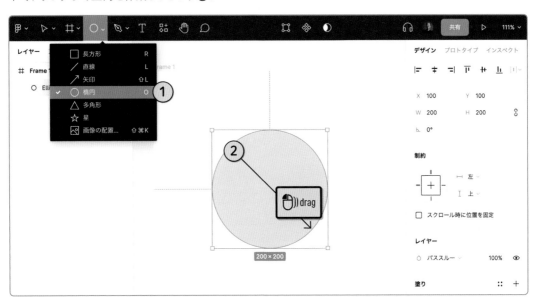

楕円を選択してマウスオーバーすると ○ アイコンが表示されます。 このドッ
トをドラッグすることで円弧プロパティが有効になります。

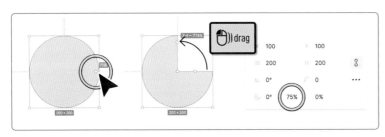

中央のドットを外側にドラッグするとドーナツグラフのような形状になります。

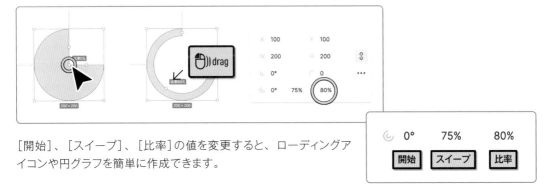

［開始］、［スイープ］、［比率］の値を変更すると、ローディングア
イコンや円グラフを簡単に作成できます。

04

オブジェクトの操作

◎ 選択

単一のオブジェクトはクリックするだけで選択できますが、複数のオブジェクトを選択したり入れ子になったオブジェクトを選択する方法も覚えておきましょう。いくつかの方法があるので状況に応じて使い分けてください。

複数オブジェクトの選択

ドラッグ

フレーム内の余白から2つのオブジェクトに重なるようにドラッグします。すべて覆う必要はなく、一部が重なるだけで選択できます。

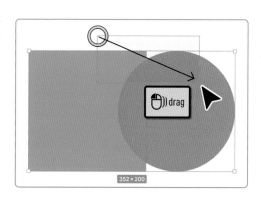

[Shift]キー

shift を押しながら複数のオブジェクトをクリックします。

レイヤーパネルでも同じように選択できます。

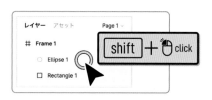

すべて選択

[すべて選択]コマンドを実行すると「その階層にあるすべてのオブジェクト」が選択されます。

未選択で実行するとトップレベルに置かれているオブジェクトをすべて選択します。オブジェクトを選択してから実行すると選択範囲はそのフレーム内に限定されます

SHORTCUT		
すべて選択		
Mac	⌘	A
Win	ctrl	A

子要素の選択

ダブルクリック

ダブルクリックする度に1階層下のレイヤーが選択されます。深い階層にあるオブジェクトを選択するには、同じ位置でダブルクリックを繰り返します。

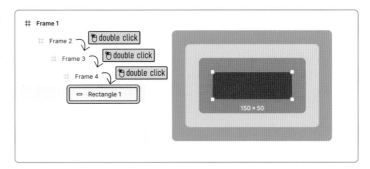

ディープセレクト

Macは ⌘ 、Windowsは ctrl を押しながらオブジェクトをクリックすると目的のオブジェクトを直接選択できます。

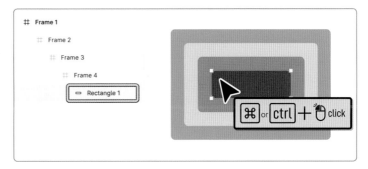

レイヤーメニュー

Macは ⌘ 、Windowsは ctrl を押しながら右クリックすると、同じ位置に重なっているオブジェクトをメニューから選択できます。

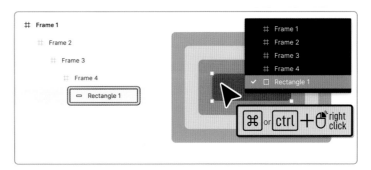

［Enter］キー

キーボードの enter を押すと1階層下のレイヤーがすべて選択されます。

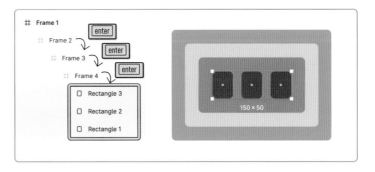

● 測定

オブジェクトとオブジェクトの間隔を測定するには、オブジェクトを選択した状態で option （Mac）／ alt （Windows）を押しながら別のオブジェクトにマウスオーバーします。

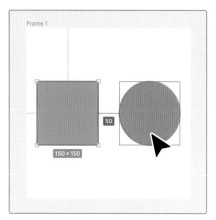

長方形を選択して楕円との距離を測っています。両者の距離は50です。

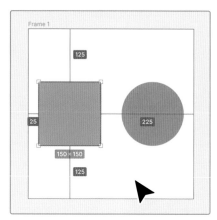

長方形を選択して親フレームとの距離を測っています。長方形は親フレームの左上を基準として [X: 25, Y: 125] の座標に位置しています。

● 名称変更

名前を変更するにはレイヤーパネルでレイヤー名をダブルクリックします①。トップレベルフレームに限り、キャンバス上の名前をダブルクリックして名前を変更できます②。

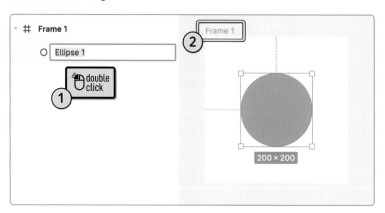

SHORTCUT		
選択範囲の名前を変更		
Mac	⌘	R
Win	ctrl	R

⭕ 複製

オブジェクトを複製する3つの方法を覚えておきましょう。

コピー&ペースト

ペーストするとオブジェクトが同じ座標に複製されます。

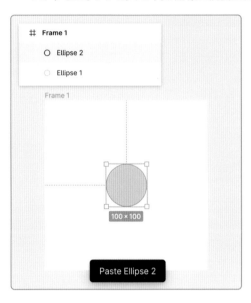

SHORTCUT		
コピー		
Mac	⌘	C
Win	ctrl	C

SHORTCUT		
貼り付け		
Mac	⌘	V
Win	ctrl	V

複製コマンド

コピー&ペーストは[複製]という1つのコマンドで代替可能です。こちらもオブジェクトが同じ座標に複製されます。

SHORTCUT		
複製		
Mac	⌘	D
Win	ctrl	D

ドラッグ

Macは option 、Windowsは alt を押しながらオブジェクトをドラッグします。同時に shift を押すとマウスの移動が水平方向と垂直方向に制限されます。

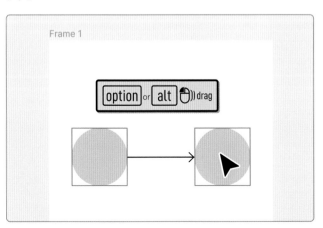

⬤ 拡大縮小

オブジェクトのサイズを変更するには[移動]ツールで四隅のポイントか辺を
ドラッグします。

shift を押しながらドラッグすると縦横比率を維持できます。

SHORTCUT

移動ツール

Mac	V
Win	V

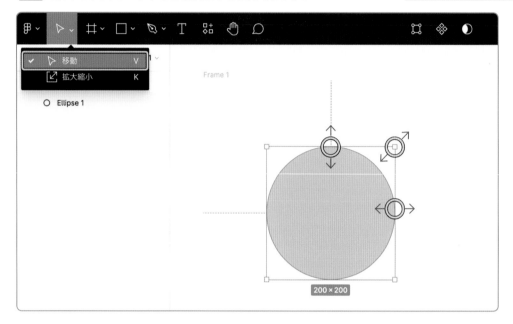

入れ子構造になっているオブジェクトには注意が必要です。[移動]ツール
でフレームを拡大しても**子要素の座標やサイズは維持されます。**見た目を
そのまま拡大するには[拡大縮小]ツールを使用します。

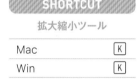

SHORTCUT

拡大縮小ツール

Mac	K
Win	K

[移動]ツール

〔Frame 1〕の右下を[移動]ツールでドラッグして
拡大しました。子要素である〔Ellipse 1〕の座標や
サイズは維持されます。

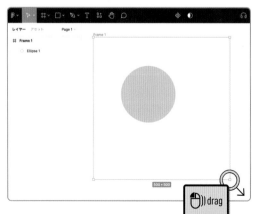

[拡大縮小]ツール

〔Frame 1〕の右下を[拡大縮小]ツールでドラッグ
して拡大しました。子要素を含めて拡大するため
〔Ellipse 1〕の座標やサイズは変更されます。

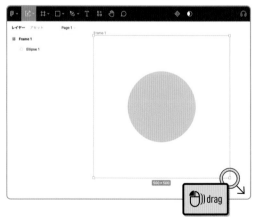

04

オブジェクトの操作

◉ 整列

オブジェクトを素早く正確に並べるには「整列」を使いましょう。オブジェクトを選択して①、右パネルの整列アイコンをクリックします②。

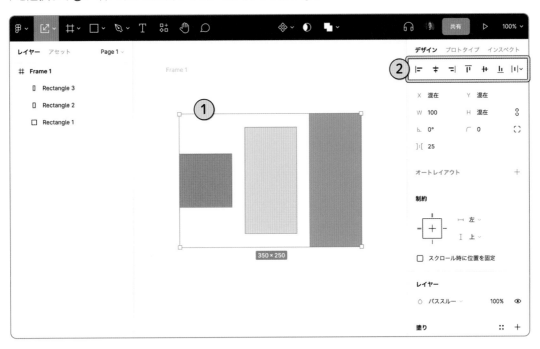

以下は各アイコンの役割です。複数のオブジェクトを選択した場合と単独のオブジェクトを選択した場合では動作が異なります。

アイコン		単独オブジェクトの場合	ショートカット	
⊫	左揃え	親フレームの左端に移動	option A	alt A
⊤	水平方向の中央揃え	親フレームの水平方向の中心に移動	option H	alt H
=⏐	右揃え	親フレームの右端に移動	option D	alt D
⊤	上揃え	親フレームの上端に移動	option W	alt W
╫	垂直方向の中央揃え	親フレームの垂直方向の中心に移動	option V	alt V
⊥	下揃え	親フレームの下端に移動	option S	alt S

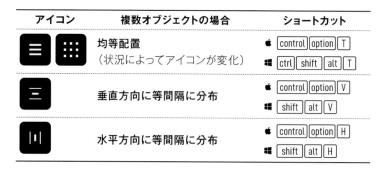

アイコン	複数オブジェクトの場合	ショートカット
≡ ⠿	均等配置 （状況によってアイコンが変化）	control option T ctrl shift alt T
〓	垂直方向に等間隔に分布	control option V shift alt V
⦙⦙	水平方向に等間隔に分布	control option H shift alt H

［均等配置］、［垂直方向に等間隔に分布］、［水平方向に等間隔に分布］は右端のアイコンをクリックすると表示されます。

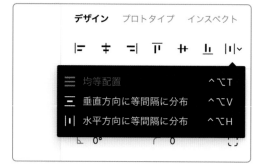

キャンバス上の整列アイコン

3つ以上のオブジェクトを選択すると右下に整列アイコンが表示されます。クリックするとキャンバスでも［均等配置］、［垂直方向に等間隔に分布］、［水平方向に等間隔に分布］を実行できます。

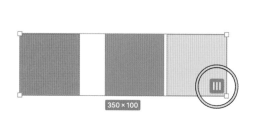

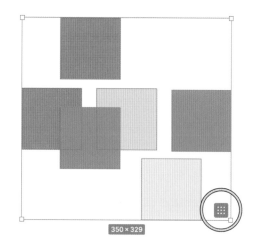

間隔の調整

選択中のすべてのオブジェクトが等間隔で並んでいる場合、その間隔を数値で指定できます①。また、マウスオーバーするとオブジェクトとオブジェクトの間に − が表示され、ドラッグすると間隔を手動で調整できます②。

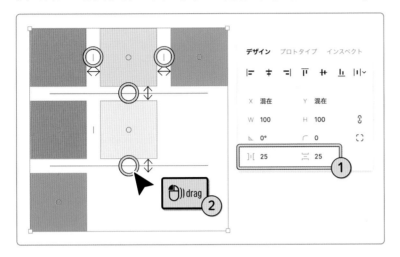

並べ替え

等間隔に並んでいるオブジェクトを複数選択すると、オブジェクトの中央に ○ が表示されます。 ○ をドラッグすることでオブジェクト同士の並べ替えが可能です。

shift を押したままにすると ○ を複数選択することができ、まとめて並べ替えられます。

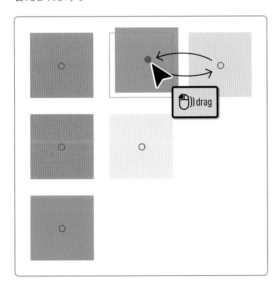

キャンバスの拡大率

キャンバスの拡大率が小さいと − や ○ が表示されません。[ズームイン]で調整してください。

SHORTCUT

ズームアウト

Mac	⌘	−
Win	ctrl	−

SHORTCUT

ズームイン

Mac	⌘	;
Win	ctrl	;

画像

◉ 画像の配置

画像は**画像として単独で存在するのではなくオブジェクトの塗りプロパティ
として配置されます。**ファイル形式は PNG、JPEG、GIF、HEIC、WebP
に対応しています。

楕円の塗りとして画像を配置してみましょう。フレームの中に楕円を作成し
①、塗りのカラーピッカーを開いて[単色]を[画像]に変更します②。

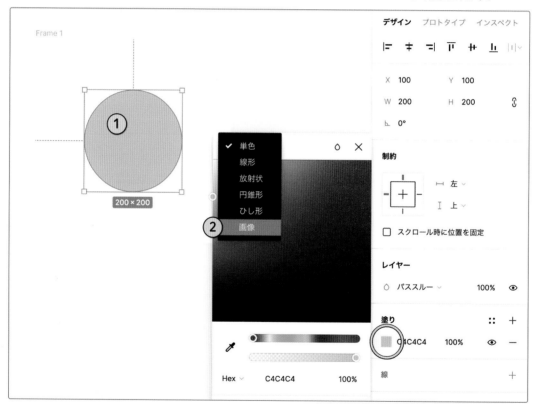

カラーピッカーが画像プレビューに切り替わったら[画像を選択]をクリックして
ファイルを選択します。

以下の画面はMacで画像ファイルを選択している様子です。

楕円オブジェクトの塗りとして画像が配置されると、画像が円形でくり抜かれます。

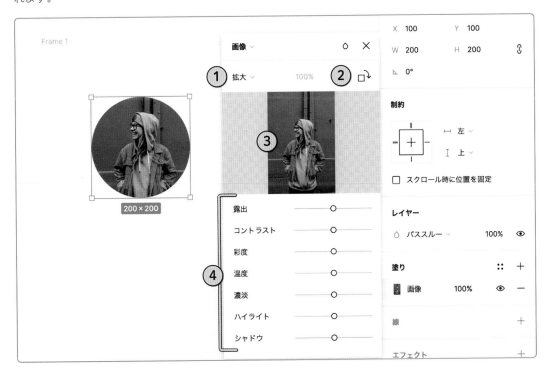

①**塗りモード**	画像の配置方法を4種類から選択します。	
②**画像の回転**	画像を右に90°回転させます。オブジェクト自体は回転しません。	
③**プレビュー**	画像の確認、アニメーションGIFの再生、画像の差し替えができます。	
④**画像の色調整**	画像の色味を調整できます。	

画像サイズの上限に注意

縦と横のどちらかが4096 pixel以上の画像は、長辺が4096pixelになるように縦横比率を維持して自動的に縮小されます。

◯ 塗りモード

画像の配置方法を［拡大］、［サイズに合わせて調整］、［トリミング］、［タイル］から選択します。

拡大

初期設定です。オブジェクトをすべて塗りつぶすように画像が配置されます。画像がオブジェクトより大きい場合は上下左右の中央で切り抜かれます。オブジェクトを変形しても画像の縦横比率は維持され、画像が歪むことはありません。

サイズに合わせて調整

画像の長辺がオブジェクトに収まるように配置され、短辺方向には余白が生じます。画像の縦横比率は維持されるので歪むことはありません。

トリミング

切り抜く位置を調整できます。元の画像データは編集されないので再調整が可能です。オブジェクトを変形すると画像の縦横比率が変わり歪む場合があります。

タイル

画像をタイル状に繰り返します。画像の四隅に表示されるハンドルをドラッグするとタイルの大きさを調整できます。

◉ 画像の色調整

スライドを動かすことで画像の色味を変更できます。元の画像データは維持されるため、いつでも変更が可能です。

露出	──────────○──
コントラスト	──────────○──
彩度	──────────○──
温度	──────────○──
濃淡	──────────○──
ハイライト	──────────○──
シャドウ	──────────○──

露出

画像の明るさです。カメラに取り込まれる光の量を調整します。

コントラスト

コントラストを強くするほど明るい部分はより明るく、暗い部分はより暗くなります。

彩度

彩度を低くすると白黒画像に近づき、高くすると鮮やかな画像になります。

温度

青〜黄の色味調整をします。

濃淡

緑〜赤の色味調整をします。[温度]と組み合わせてホワイトバランスを調整します。

ハイライト

画像の明るい部分だけをより明るく、または暗くします。

シャドウ

画像の暗い部分だけをより暗く、または明るくします。

ホワイトバランスとは

撮影環境の光の色を考慮し、白を白に近づける補正のことです。

◉ そのほかの配置方法

以下の方法で画像を配置すると長方形が自動的に作成され、その塗りに画像が設定されます。

画像の配置

ツールバーから [画像の配置] を選択またはショートカットで実行します。

SHORTCUT			
画像の配置			
Mac	⌘	shift	K
Win	ctrl	shift	K

同時に複数の画像を読み込むとツールバーに表示 [すべて配置] ボタンが表示されます。 [すべて配置] ボタンをクリックすると、すべての画像が一度に配置されます。

ドラッグ

画像ファイルをPCからドラッグして配置します。

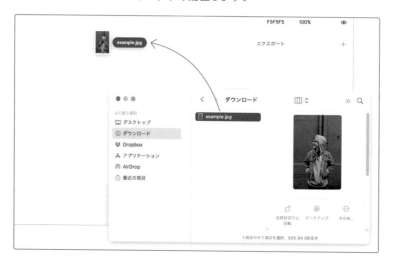

SHORTCUT	
貼り付け	
Mac	⌘ V
Win	ctrl V

貼り付け

ほかのアプリケーションからコピーした画像をキャンバスに貼り付けられます。

05

画
像

ベクターパス

アイコンやイラストなど、複雑な図形を描くには「ベクターパス」を使用します。

ベクターパスで描かれた「ベクター画像」は、JPEGやPNGなどの「ビットマップ画像」と異なり、拡大しても画質が劣化しないのが特徴です。

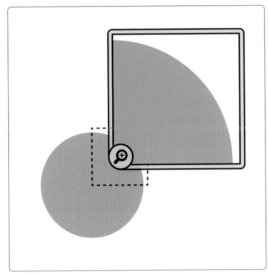

ベクター画像を拡大

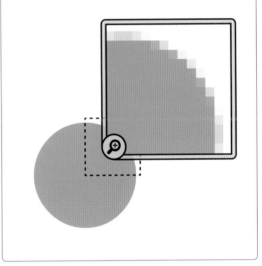

ビットマップ画像を拡大

ベクター画像は「ポイント」と「ハンドル」で構成されており、ポイントとポイントの間に描画される"線"を「ベクターパス」または単に「パス」と呼びます。

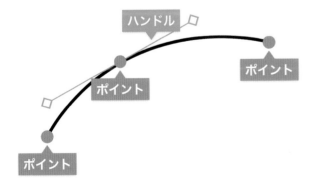

◯ ベクターパスの作成

ベクターパスを作成するにはツールバーから［ペン］を選択します。

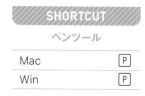

鉛筆ツール

［鉛筆］ツールは手描き用であり本書では使用しません。

［ペン］ツールでキャンバス上をクリックするとポイントが追加されます。クリックを繰り返すことでポイント①とポイント②がつながり、その間にパスが描画されます。

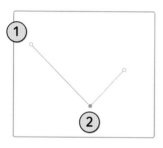

［ペン］ツールは常に次のポイントを作成しようとします。この "編集モード" を終了するには、画面左上の［完了］ボタンかキーボードの enter を押します。もう一度 enter を押すと編集モードに戻ります。

編集モードで既存のポイントをクリックすると、そのポイントから新たなパスを作成できます。編集モードに入っていない場合、別のオブジェクトが作成されるので注意してください。

編集モードでパスをクリックすると、パス上に新たなポイントを追加できます。

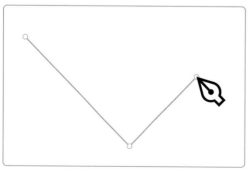

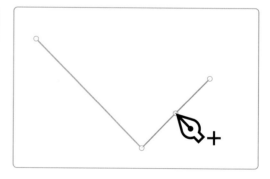

1つのポイントは複数のポイントとつなげられます。「ベクターネットワーク」と呼ばれるFigmaならではの機能です。

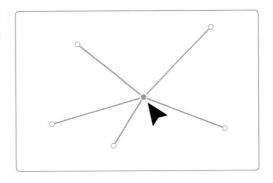

ポイントを動かすには編集モードで［移動］ツールを使用します。

SHORTCUT

移動ツール

Mac	V
Win	V

⬤ 閉じたパスと開いたパス

ベクターパスの最初と最後のポイントをつなぐことで「閉じたパス」になります。閉じたパスは"面"として扱えるので塗りを適用できます。逆に、最初と最後のポイントがつながっていない状態は「開いたパス」であり、"線"なので塗りを設定しても反映されません。

閉じたパス

⊞をクリックして塗りを設定すると①、ベクターパスが塗りつぶされます。

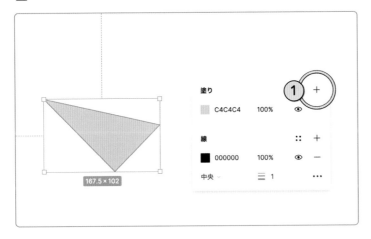

開いたパス

塗りを設定しても塗りつぶされません①。"線"として先端の形状を変えられます②。

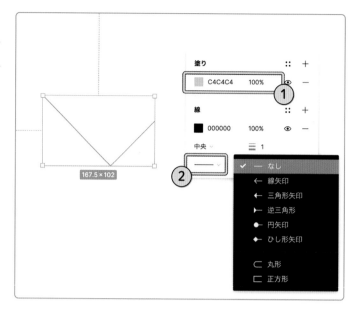

ベクターネットワーク

ベクターネットワークには閉じたパスと開いたパスが同時に存在しています。

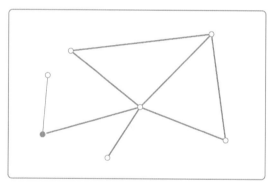

[ペイントバケツ]ツール

[ペイントバケツ]ツールを使うと、ベクターネットワークの閉じたパスの領域に塗りを設定できます。

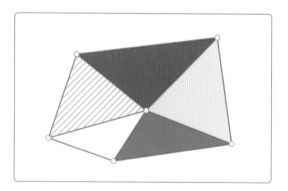

SHORTCUT		
ペイントバケツツール		
Mac	編集モードで	B
Win	編集モードで	B

⬤ ハンドル

クリックでつないだポイント同士は直線で結ばれます。曲線にするには［曲線］ツールで「ハンドル」を追加します。

SHORTCUT	
曲線ツール	
Mac	編集モードで ⌘
Win	編集モードで ctrl

［曲線］ツールでポイントをドラッグするとハンドルが追加され、直線が曲線に変更されます。

［曲線］ツールを選択したままハンドルをドラッグし、角度や長さを変えることで曲線をコントロールします。

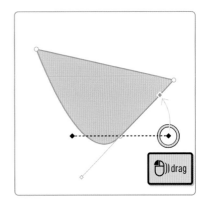

ポイントの作成時にクリックではなくドラッグすると、ポイントと同時にハンドルも追加されます。この操作に慣れるとベクターパスを素早く作成できます。

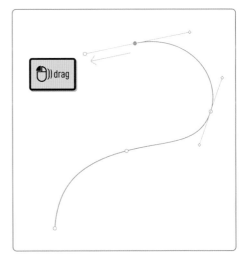

⬤ ハンドルのミラーリング

初期状態では左右のハンドルの角度と長さが同期されています。左右のハンドルを独立させるにはミラーリングの設定を変更します。

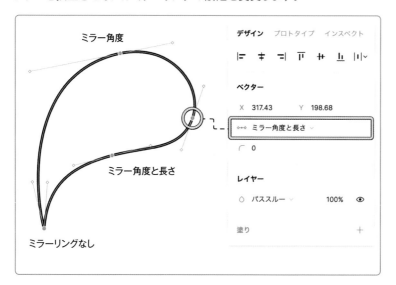

ミラーリングなし

左右のハンドルの角度と長さが独立します。ポイントの前後で線の進む方向が変わります。

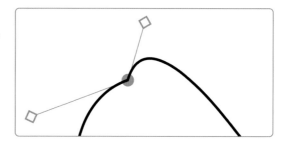

ミラー角度

左右のハンドルの角度は同期されますが、長さを変更できます。ポイントの前後で曲がり具合を変えたい場合に使用します。

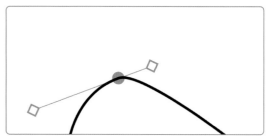

ミラー角度と長さ

初期設定です。左右のハンドルの角度と長さが同期されており、滑らかな曲線を描くのに適しています。

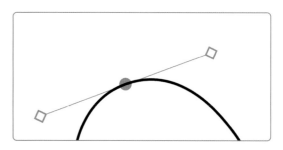

07 テキスト

テキストを作成するにはツールバーから[テキスト]ツールを選択し、キャンバスの上でクリックします。

テキスト入力を終了するには esc を押すか、右記のショートカットを使います。入力中のテキストオブジェクト以外をクリックしても終了できます。

レイヤー名には入力されたテキストが反映されますが、一度レイヤー名を変更すると、そのあとは固定のレイヤー名になります。

● テキストの設定

テキストの設定は右パネルで行います。多くの設定項目がありますがよく使う設定ばかりです。一つひとつ変更して、どのような見た目になるか確かめてみてください。

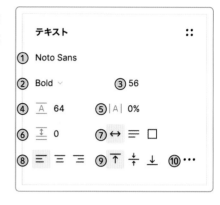

① フォント

書体を変更します。

② フォントウェイト

文字の太さを変更します。フォントによって呼び方が異なりますが、[Bold（太字）]、[Regular（普通）]、[Light（細字）]、[ExtraLight（極細字）]などを選択できます。

③ フォントサイズ

56 ∨

文字の大きさを変更します。

④ 行間

行間を変更します。「%」を入力するとパーセント指定になります。空の状態で [enter] を押すと[自動]が適用されます。

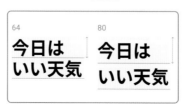

⑤ 文字間隔

文字と文字との間隔を変更します。「px」を入力するとピクセル指定になります。負の値も使えます。

⑥ 段落間隔

| ‡ | 0 |

段落の間隔（改行前と改行後の距離）を変更します。

0	24
いつものカフェでコーヒーを買って海に向かう。今日はとてもいい天気で、昨日までの嵐が嘘のようだ。	いつものカフェでコーヒーを買って海に向かう。 今日はとてもいい天気で、昨日までの嵐が嘘のようだ。

⑦ サイズ変更

| ↔ | ≡ | □ |

文字数によってテキストボックスがどのように変形するかを選択できます。

幅の自動調整
文字数に合わせてテキストボックスの幅が自動で調整されます。

高さの自動調整
テキストが右端で折り返され、テキストボックスの高さが自動で調整されます。幅は固定です。

固定サイズ
幅と高さが固定です。テキストは右端で折り返されますが、テキストボックスの高さは調整されません。テキストがはみ出ることがあります。

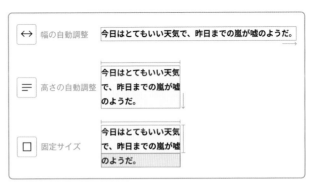

⑧水平方向のテキスト揃え

水平方向の位置を[テキスト左揃え]、[テキスト中央揃え]、[テキスト右揃え]から選択します。[テキスト両端揃え]は詳細メニュー⑩から選択する必要があります。

⑨垂直方向のテキスト揃え

垂直方向の位置を[上揃え]、[中央揃え]、[下揃え]から選択します。サイズ変更⑦が[固定サイズ]のとき以外は無視されます。

⑩タイプの設定

...

詳細メニューです。合字、上付き文字、数字のスタイルなど、さらに多くの設定項目があります。

テキストのアウトライン化

[線のアウトライン化]を実行するとテキストオブジェクトをベクターパスに変換できます。アウトライン化するとテキストの入力や編集はできないので注意してください。

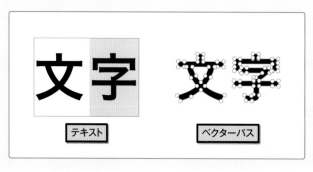

SHORTCUT

線のアウトライン化

| Mac | ⌘ | shift | O |
| Win | ctrl | shift | O |

◉ フォントの選び方

本書では Roboto を使用しますが、フォントを選ぶときのポイントを簡単に解説します。

フォントの分類

特定のフォントを探すのではなく分類から絞り込みます。

下図は Hiragino Mincho Pro と Hiragino Sans というフォントですが、それぞれ明朝体（左）とゴシック体（右）のカテゴリーに大別されます。明朝体には "うろこ" と呼ばれる三角形の山があり①、線に強弱があります②。ゴシック体には "うろこ" がないのが一般的で、線の強弱は控えめです。

Hiragino Mincho Pro

美しい文字

フォントは、文字を言葉として理解する前の、感情的なコミュニケーション手段となります。

Hiragino Sans

美しい文字

フォントは、文字を言葉として理解する前の、感情的なコミュニケーション手段となります。

縦書きテキスト

Figma は縦書きに対応していませんが、1 行だけであれば以下のように "無理やり" 作成できます。

サイズと行間を調整して縦書きのように見せます①。詳細設定の［Vertical alternates］にチェックを入れて「ー」「、」「。」を縦書きに変更します（日本語フォントにしかないオプションです）②。

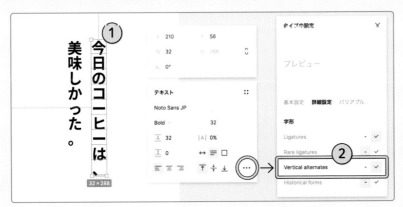

英語の分類も似ています。下図は BaskervilleとRobotoというフォントですが、それぞれセリフ体(左)とサンセリフ体(右)に分類されます。セリフ体には"セリフ"と呼ばれる飾りがあり①、明朝体と同じような線の強弱があります②。「サン」は「〜のない」の意味であり、サンセリフ体に"セリフ"はありません。

Baskerville Regular

Lorem ipsum dolor sit amet, consectetur
adipiscing elit, sed do eiusmod tempor
incididunt ut labore et dolore magna aliqua.

Roboto Regular

Lorem ipsum dolor sit amet, consectetur
adipiscing elit, sed do eiusmod tempor
incididunt ut labore et dolore magna aliqua.

明朝体とセリフ体は伝統的な印象、ゴシック体とサンセリフ体はモダンな印象を与えます。分類による印象の違いを意識するとフォントを選びやすくなります。

可読性

長文を読ませるには可読性が重要であり、装飾的なフォントは避けるべきです。装飾的なフォントは見出しに限定し、本文はシンプルなフォントを選択しましょう。

タイトルには使用できる

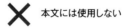

本文には使用しない

システムフォント

各プラットフォームが提供するシステムフォントを候補に入れましょう。たとえば、iOSアプリはセリフ体の「New York」とサンセリフ体の「San Francisco」をシステムフォントとして利用できます。高品質であり実装上のメリットもあるので、これら以外のフォントを選ぶには明確な理由が必要です。

08 ブーリアングループ

ブーリアングループは、シェイプやベクターパスを結合して新たな図形を作成します。

フレームの中に長方形と楕円を作成した下図の状態について解説します。2つのオブジェクトが重なっており、〔Ellipse 1〕が上に〔Rectangle 1〕が下に配置されています。**レイヤーの順序が異なるとブーリアングループの結果も異なります。**

レイヤー順序の変更

左パネルでレイヤーをドラッグするとレイヤーの順序を変更できます。

ブーリアングループを作成するには、両方のオブジェクトを選択してツールバーの ■ アイコンをクリック①、4種類のブーリアングループのいずれかを選択します②。

073

選択範囲の結合

2つのオブジェクトを足し合わせます。

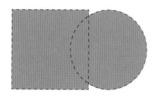

選択範囲の型抜き

上にあるオブジェクトで下のオブジェクトを切り抜きます。

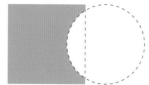

選択範囲の交差

2つのオブジェクトが重なり合う部分だけを残します。

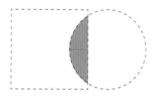

選択範囲の中マド

2つのオブジェクトが重なり合う部分を削除します。

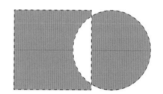

ブーリアングループを作成するとオブジェクトが1つにまとまりますが、結合前のオブジェクトも残っています。レイヤー名の左側にある小さな三角アイコンをクリックすると長方形と楕円が表示されます。それぞれのオブジェクトはまだ独立している状態です。

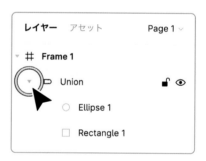

選択範囲を統合

[選択範囲を統合]はこれらのオブジェクトを完全に結合させ、1つのベクターパスに変換します。変換後のオブジェクトは通常のベクターパスであり、ポイントやハンドルを自由に編集できます。結合前のオブジェクトは削除されるので注意してください。

SHORTCUT

選択範囲を統合

Mac	⌘	E
Win	ctrl	E

09

マスク

マスクを使えばどんなオブジェクトでも切り抜けます。

フレームの中に長方形と楕円を作成した下図の状態について解説します。
〔Ellipse 1〕が〔Rectangle 1〕に隠れています。

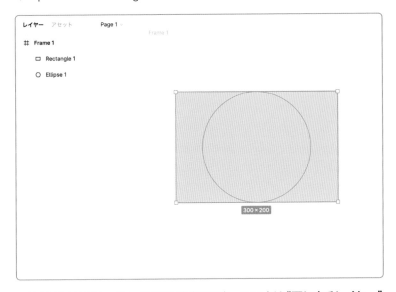

マスクにおいてもレイヤーの順序が重要です。**マスクは"下にあるレイヤー"**
で"上のレイヤー"を切り抜きます。

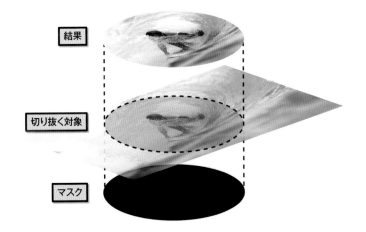

〔Rectangle 1〕を切り抜くには〔Ellipse 1〕を選択し①、ツールバーから[マスクとして使用]をクリックします②。

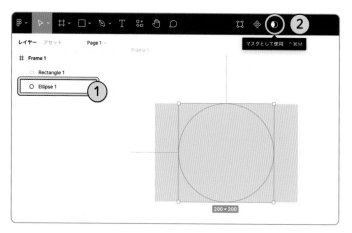

〔Ellipse 1〕がマスクアイコンに変わり〔Rectangle 1〕が切り抜かれます。それぞれのオブジェクトは独立した状態で維持されており、〔Ellipse 1〕を動かすと切り抜く位置を変更できます。

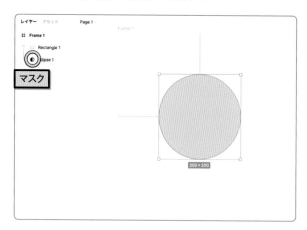

マスクより上に配置されている"すべてのレイヤー"を切り抜くところがブーリアングループと異なります。**切り抜かれるオブジェクトはシェイプである必要はなく、テキストやフレームも切り抜き可能です。**

マスクの影響範囲

マスクの影響範囲はフレームの中に限定されます。

フレームの外にあるオブジェクトは切り抜かれません。

09

マスク

グループとフレーム

グループはフレームと似ていますが異なるオブジェクトです。

グループを使う場合：

- 複数のオブジェクトを1つのレイヤーとして扱いたい
- 親と同じように子要素を変形させたい

フレームを使う場合：

- 親のサイズを子要素に関係なく設定したい
- 親のサイズで子要素を切り抜きたい
- グリッドを追加したい
- スクロールを設定したい

グループやフレームを作成するには、複数のオブジェクトを選択してから右記のショートカットを実行します。

位置とサイズ

- **グループ**：すべての子要素を内包する"仮想の四角形"をもとにグループの位置とサイズが決まります。グループは単独では存在できず、1つ以上の子要素が必要です。

- **フレーム**：子要素に関係なく位置とサイズを決められます。中身が空のフレームも作成可能です。

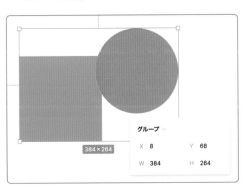

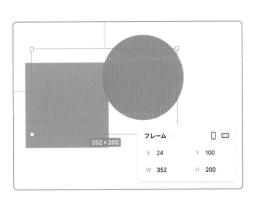

切り抜き

- **グループ**：グループは子要素を必ず内包するため、切り抜くことはできません。

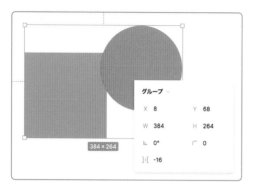

- **フレーム**：子要素を切り抜くには[コンテンツを切り抜く]にチェックを入れます。

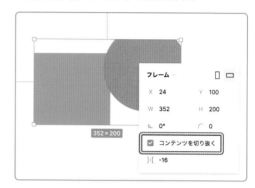

グリッド

- **グループ**：グリッド機能はありません。

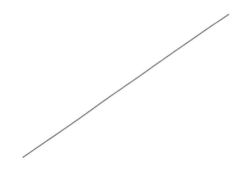

- **フレーム**：グリッドを表示できます。Chapter 3で使用します。

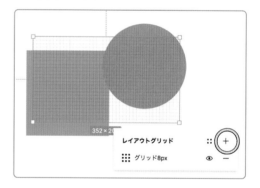

レイアウトの[制約]

- **グループ**：グループを変形すると、同じように子要素も変形します。

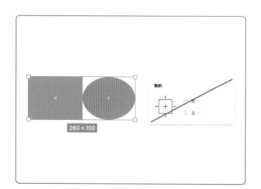

- **フレーム**：[制約]というプロパティを使って、フレームが変形したときの子要素のレイアウトを指定できます。Chapter 2で詳細を解説します。

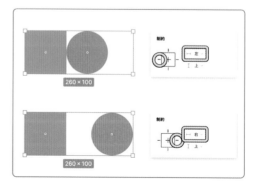

オートレイアウト

- **グループ**：オートレイアウトは適用できません。

- **フレーム**：レイアウトを数値で定義できます。
  Chapter 2 で詳細を解説します。

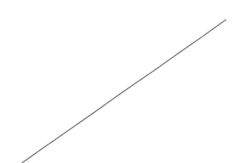

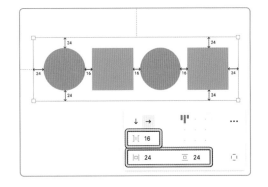

スクロール

- **グループ**：スクロールは設定できません。

- **フレーム**：子要素のスクロールが可能です。プ
  ラクティス編で詳細を解説します。

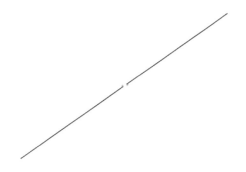

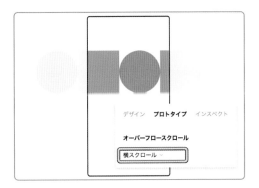

グループやフレームが不要になった場合

入れ子構造を解除するには右記のショートカットを実行します。グループ
は子要素が0個になった時点で自動的に削除されます。

SHORTCUT

選択範囲のグループ解除

Mac	⌘	shift	G
Win	ctrl	shift	G

11 エフェクト

エフェクトは、オブジェクトに影やぼかしの効果を加えます。右パネル下部
のエフェクトにある ⊞ をクリックしてエフェクトを追加します。

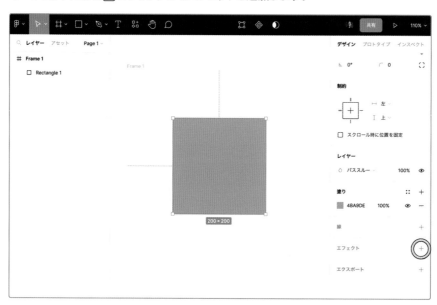

● ドロップシャドウ

初期設定は［ドロップシャドウ］です。影の落ち方を調整するにはエフェクト
アイコンをクリックします。

- **X**：水平方向の移動距離
- **Y**：垂直方向の移動距離
- **B**：ぼかし範囲の半径
- **S**：影の広がりを拡張します。長方形、楕
  円、フレームに適用可能で、フレームの場
  合は［コンテンツを切り抜く］のチェックを
  入れておく必要があります。

影を左下に落とすことによって「長方形が宙に
浮いている」、「光源が右上にある」ような錯
覚が生まれています。

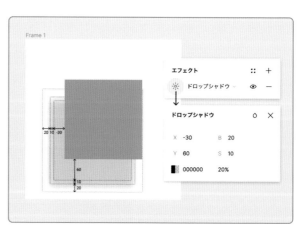

● インナーシャドウ

エフェクトのタイプを［インナーシャドウ］に変更すると影が内側に落ちます。オブジェクトが周囲に比べて凹んでいるように見えます。

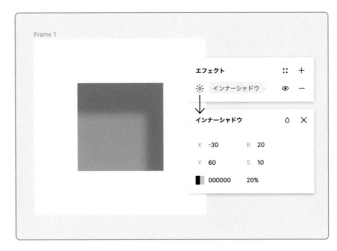

● レイヤーブラー

オブジェクト全体をぼかします。［ぼかし範囲の半径］の値が大きいほど元のオブジェクトが判別できなくなります。

● 背景のぼかし

オブジェクトを重ね合わせ、前面のオブジェクトに［背景のぼかし］エフェクトを追加すると、"すりガラス"のような効果が生まれます。効果を得るには前面のオブジェクトの不透明度を［1%〜99%］に設定する必要があります。

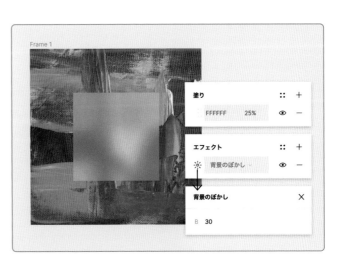

整列ショートカットの覚え方

水平方向の[H（Horizontal）]と垂直方向の[V（Vertical）]は英単語の
頭文字が使われています。上 W 、下 S 、左 A 、右 D はキーの位
置関係で覚えましょう。

オブジェクトの選択時に便利な機能

レイヤーパネルにマウスオーバーすると2種類のアイコンが表示されま
す。

ロック解除／ロック
ロックするとキャンバス上でオブジェクトを選択で
きなくなります。

表示／非表示
オブジェクトの表示と非表示を切り替えます。

SHORTCUT			
選択範囲をロック / ロック解除			
Mac	⌘	shift	L
Win	ctrl	shift	L

SHORTCUT			
選択範囲の表示 / 非表示			
Mac	⌘	shift	H
Win	ctrl	shift	H

練習課題

Chapter 1の内容をおさらいする練習課題を用意
しました。画像、ベクターパス、テキスト、ブー
リアングループ、マスク、グループを複合的に
使用してロゴを作成します。

サポートサイトの「Chapter 1」からアクセスでき
ます。

 https://figbook.jp/

Chapter 2

生産性を上げる機能

デザイン作業が効率化する一歩進んだ機能を解説します。
Figmaを使うならぜひ覚えてほしい内容ばかりです。

01 制約

オブジェクトを一定のルールに従わせてレイアウトする仕組みがあります。
Figmaでは「制約」と呼ばれ、**親フレームのサイズに応じて子要素がどの
ように振る舞うかをコントロールします。**

01 ◎ [制約] の確認

[W:400, H:400] の フ
レームの中に [W: 200, H:
200]の長方形を作成します。

図のような状態で〔Rectan-
gle 1〕を選択したときに表
示されるブルーの点線が[制
約] で す。〔Rectangle 1〕
がフレームの左と上に固定さ
れていることを意味していま
す。

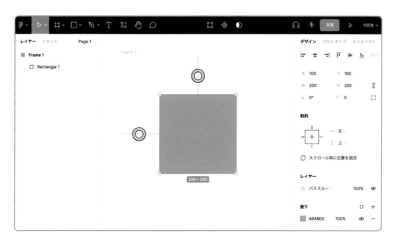

〔Rectangle 1〕が 左上に固定されているため、親フレームのサイズを変
更しても〔Rectangle 1〕の XY座標やサイズは変わりません。

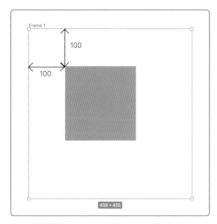

親のフレームを456 x 456に拡大

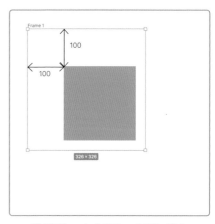

親のフレームを326 x 326に縮小

⭕ [制約]の変更

〔Rectangle 1〕を選択して、右パネルの[制約]から設定を変更してみましょう。水平方向と垂直方向があり、それぞれ左側の簡略図、セレクトメニューのどちらからでも設定できます。

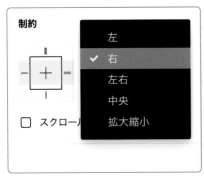

水平方向の[制約]　　　　　　　垂直方向の[制約]

水平方向に[右]、垂直方向に[下]を設定すると、ブルーの点線の位置が変わり〔Rectangle 1〕が右下に固定されます。

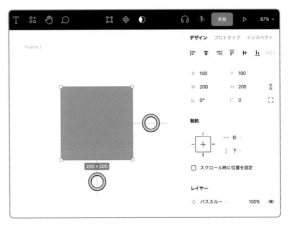

〔Rectangle 1〕の右端とフレームの距離、下端とフレームの距離が固定されているため、フレームのサイズを変更すると〔Rectangle 1〕のXY座標が変わります（XY座標の基準点はフレームの左上です）。

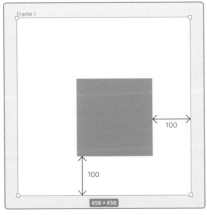

親のフレームを456 x 456に拡大

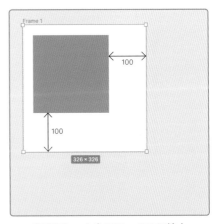

親のフレームを326 x 326に縮小

このように、[制約]の設定によって子要素を固定する場所が変わります。
この機能を応用することでサイズ変更に強いUIを作成できます。

● そのほかの［制約］

左右

子要素の左右とフレームとの距離が固定されます。フレームを変形すると
子要素の水平方向のサイズが変更されます。

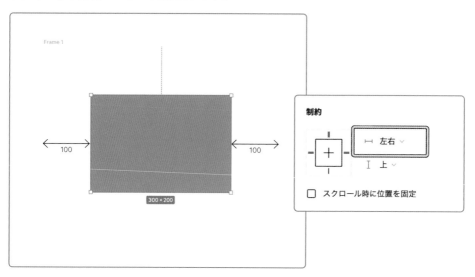

上下

子要素の上下とフレームとの距離が固定されます。フレームを変形すると
子要素の垂直方向のサイズが変更されます。

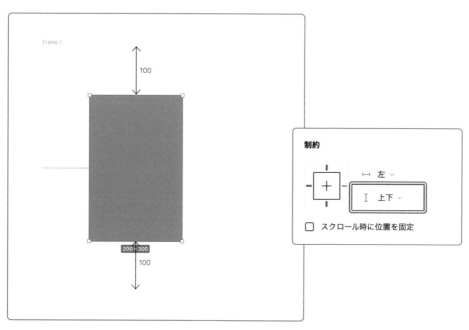

中央

フレームと子要素の中心点の距離が固定されます。子要素がフレームの中心に配置されている場合、フレームを変形しても子要素は中心を維持します。水平方向、垂直方向のどちらにも適用可能です。

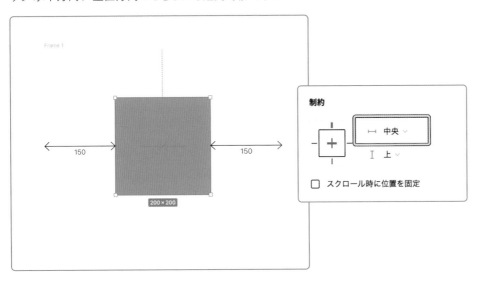

拡大縮小

フレームの拡大縮小に応じて子要素のサイズを変形します。フレームと子要素との距離が固定される［左右］、［上下］とは異なる挙動なので注意してください。水平方向、垂直方向のどちらにも適用可能です。

memo

フレームをドラッグしてサイズ変更する際、Macは⌘、Windowsは ctrl を押すと［制約］を無視できます。

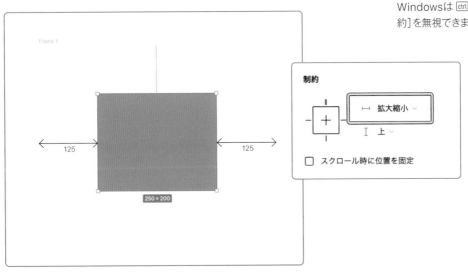

⬤ [制約]の導入事例

[制約]はヘッダーやフッターなどのUIに多用されます。以下はアプリの画面を単純化した例ですが、上下のフレームに適切な[制約]を設定することで画面サイズの変更に対応しています。

① 水平方向を[左右]に設定しているため〔Header〕の幅が画面の伸縮に追従します。

② 水平方向の[左右]に加え垂直方向を[下]に設定しており、〔Footer〕の位置を画面の伸縮に追従させています。

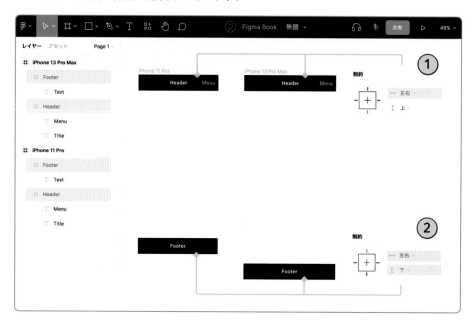

〔Header〕、〔Footer〕のテキストは水平方向の[制約]を[中央]に設定しており、親フレームの幅が変わっても中央を維持します③。

「Menu」のテキストは水平方向の[制約]が[右]であり、右端を維持するよう設定しています④。

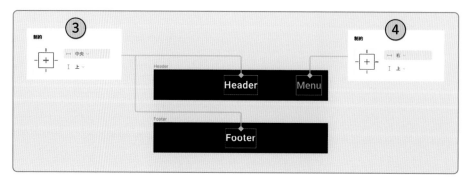

オートレイアウト

オートレイアウトの適用

オートレイアウトを使うとコンテンツに応じてサイズが変化するフレームを作成できます。例として、文字数に応じて自動的にサイズ変更するボタンを作成します。

［W: 400, H: 400］のフレームを作成し、その中に「Label」という名前のテキストオブジェクトを追加します。

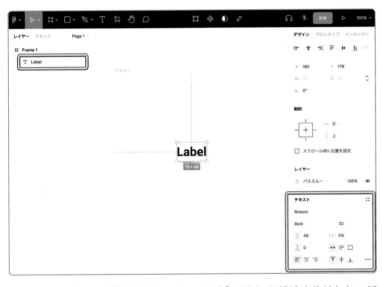

〔Label〕を選択して［選択範囲のフレーム化］で入れ子構造を作ります。新しいフレームの名前は「Button」に変更しました。

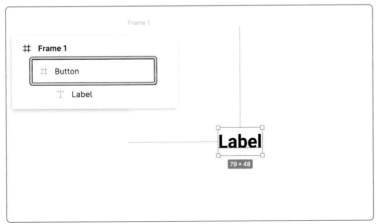

〔Button〕を選択し、右パネルでオートレイアウトの⊞をクリックするかショートカットを実行します。

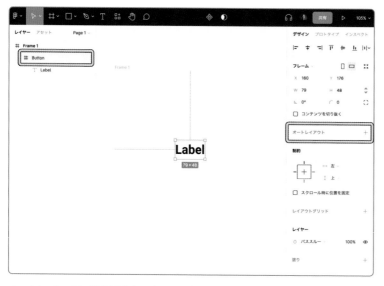

SHORTCUT
オートレイアウトの追加

Mac	shift	A
Win	shift	A

オートレイアウトが適用されると、レイヤーパネルのアイコンが変化します。

オートレイアウトの［パディング］を使うとフレームの内側に余白を作れます。
水平パディングに［24］、垂直パディングに［8］を入力しました。

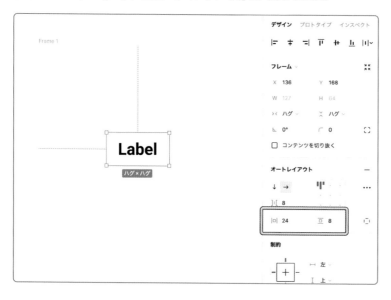

090

〔Button〕の角の半径を[8]①、塗りを[#4BA9DE]に設定してボタンらし
く見せています②。〔Label〕は[塗り：#FFFFFF]に変更します③。

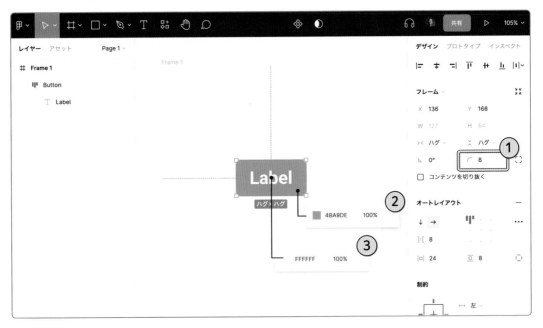

文字数に応じて自動的にサイズ変更するボタンが完成しました。以降、こ
の章では〔Button〕を使ってそのほかの機能を解説します。

オートレイアウトの解除

右パネルで⊖をクリックするとオートレイアウトを解除できます。

● フレームのリサイズ

オートレイアウトを適用したフレームのサイズは、サイズ変更プロパティによって決まります。

〔Button〕を選択すると右パネル上部に水平方向と垂直方向のサイズ変更プロパティが表示されます。

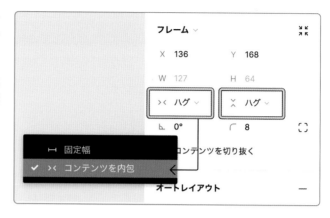

コンテンツを内包（ハグ）

[コンテンツを内包（ハグ）]は子要素を包む（ハグする）ようにフレームが変形する設定です。これによって、子要素のサイズ（文字数）が変化したとき〔Button〕のサイズも自動的に変更されます。[固定幅]を指定するとサイズは固定となり、子要素のサイズ変更は親のフレームに影響を与えません。

サイズ変更：コンテンツを内包（ハグ）

サイズ変更：固定幅

選択できない[制約]

[コンテンツを内包（ハグ）]を設定したフレームのサイズは子要素に依存しているため、[制約]の[左右]、[上下]、[拡大縮小]は選択できません。子要素によってサイズが決まります。

サイズ変更：コンテンツを内包（ハグ）

サイズ変更：固定幅

◉ 子要素のリサイズ

子要素にもサイズ変更プロパティを設定できます。ただし、テキストオブジェクトだけはサイズ変更プロパティがテキストの設定と重複しています。2つのプロパティは以下のように対応しており、一方を変更するともう片方も自動的に変更されます。

◉ テキスト設定とサイズ変更プロパティの対応

テキスト設定：幅の自動調整

水平方向と垂直方向のサイズが可変です。改行すると高さが拡張します。

サイズ変更

- **水平方向**：
  コンテンツを内包
  （ハグ）
- **垂直方向**：
  コンテンツを内包
  （ハグ）

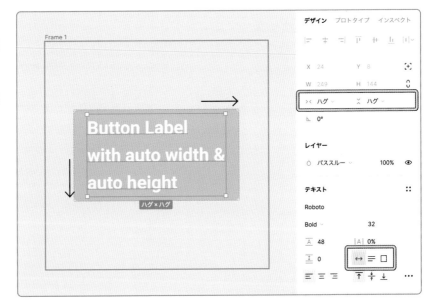

テキスト設定：高さの自動調整

右端でテキストが折り返し、高さが自動的に拡張します。幅は固定です。

サイズ変更

- **水平方向：**
  固定幅（固定）
- **垂直方向：**
  コンテンツを内包（ハグ）

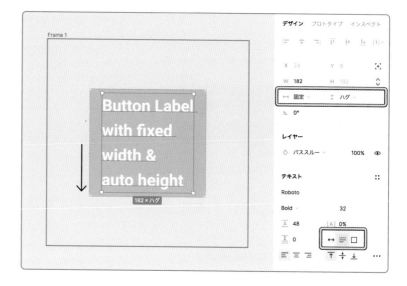

テキスト設定：固定サイズ

右端でテキストは折り返しますが、文字数に関係なくサイズは固定です。

サイズ変更

- **水平方向：**
  固定幅（固定）
- **垂直方向：**
  固定幅（固定）

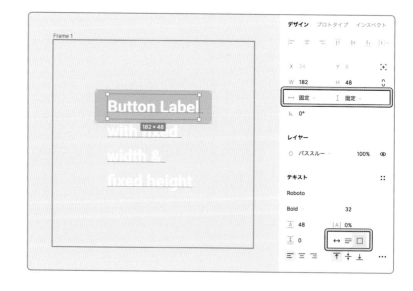

テキスト以外のサイズ変更

子要素のサイズ変更プロパティに［コンテナに合わせて拡大］を指定すると、親フレームを埋めるようにリサイズされます。レイアウトのサイズを可変にする場合に欠かせない機能です。

［長方形］ツール（ R ）を選択し①、〔Button〕の中でドラッグしてシェイプを作成します②。サイズは［W: 40, H: 40］③、サイズ変更は［固定］です④。

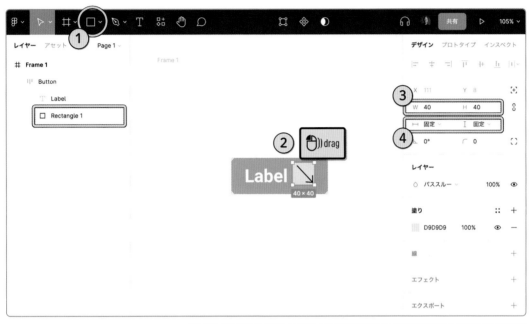

長方形のサイズ変更を水平方向、垂直方向とも［コンテナに合わせて拡大］に変更します⑤。長方形が［H: 48］となり、親のフレームを埋めるようにリサイズされました⑥（サイズが自動で算出されるため数値は入力できません）。

水平方向のサイズ変更を変更した時点で［Width set to Fixed for Button］というメッセージがキャンバス下部に表示されます⑦。

これは「〔Button〕の水平方向のサイズ変更が固定幅に変更された」ことを意味しています。親フレームのサイズが決まっていないと子要素で親フレームを"埋める"ことができないからです。

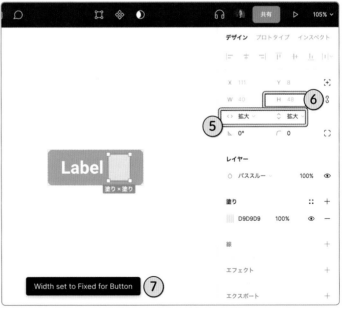

レイヤーパネルで〔Label〕の目玉アイコン ◉ をクリックして非表示にします①。キャンバスから〔Label〕が消え、長方形が〔Button〕を埋めるようにリサイズされます②。

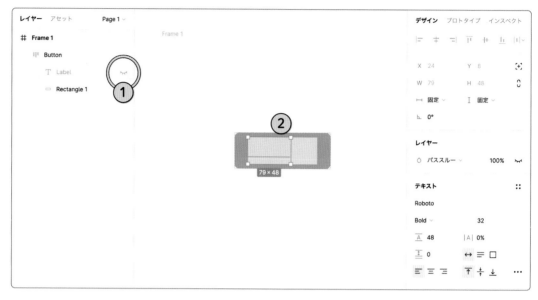

子要素として選択できるサイズ変更プロパティは以下の2種類です。

コンテナに合わせて拡大

親フレームのサイズを変更すると、そのスペースを埋めるようにして子要素のサイズが変わります（パディングの余白は維持されます）。

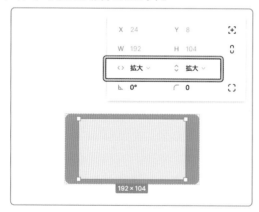

サイズ変更：固定

親フレームのサイズを変更しても子要素のサイズは変わりません。

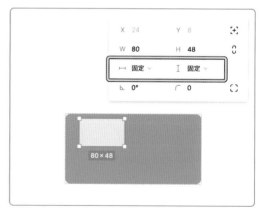

子要素としての［コンテンツを内包（ハグ）］

子要素がフレームの場合、そのフレームは子要素であると同時に親フレームでもあります。 そのため、オートレイアウトが適用されているとサイズ変更の選択肢に［コンテンツを内包（ハグ）］も表示されます。

● 子要素のオートレイアウト

オートレイアウトのプロパティを使って子要素の配置をコントロールできます。〔Button〕を2つ複製して、それぞれ「Button 1」、「Button 2」、「Button 3」と名前を付けます①。すべてのボタンを選択してオートレイアウトの⊞をクリックするか②、ショートカットを実行します。

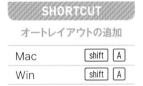
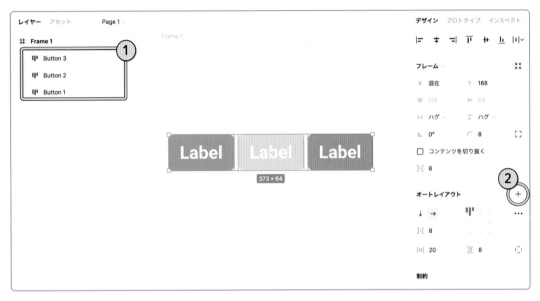

オートレイアウトが適用されたフレームが作成され、入れ子構造になります。

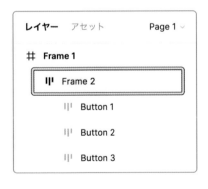

オートレイアウトのフレームの中では、レイヤーの順序とキャンバス上の位置が同期します。 レイヤーの順序を変更すると、キャンバス上の順序も入れ替わります。

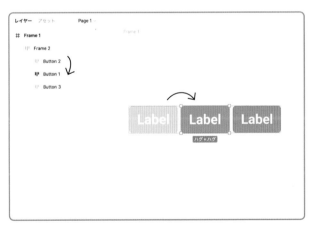

097

方向

方向を［↓（縦方向）］に変更すると子
要素が縦方向に並びます。

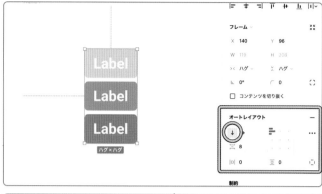

間隔

オブジェクト同士の間隔を数値で決めら
れます。

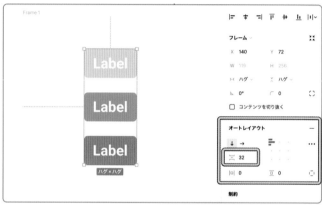

配置

ボタンのテキストを「Auto layout」に変
更し、幅を広げました。大きさの異な
る子要素の配置方法は、オートレイアウ
トのインタラクティブグリッド（中央の四
角形）で変更します。右図の例では、
3つのボタンが中央揃えになるよう設定
しています。

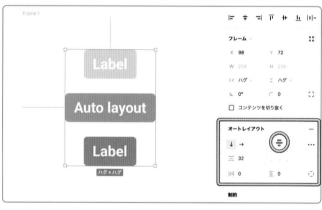

キャンバス上で数値変更

フレームを選択してマウスオーバーするとピンクの斜線が表示されま
す。この斜線部分をクリックまたはドラッグすると、キャンバス上でも
オートレイアウトのプロパティを変更できます。

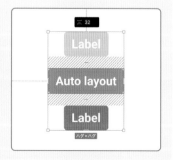

分布

親フレームのサイズ変更が［固定］か［コンテナに合わせて拡大］であれば子要素の分布方法を変えられます。

垂直方向のサイズ変更を［固定］に設定し、高さを［H: 336］に変更しました。

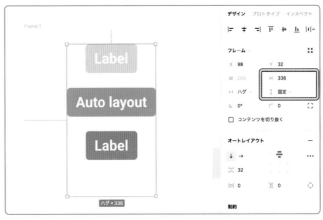

オートレイアウトの右端のアイコンをクリックしてパネルを開きます。セレクトメニューから［間隔を空けて配置］を選択すると、子要素が親のフレームいっぱいに分布します。

子要素同士の間隔は自動的に計算されており、間隔の値には［自動］と表示されます。

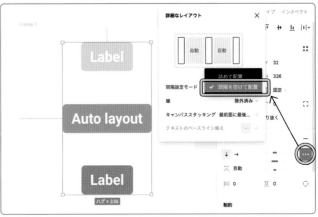

● オートレイアウトの導入事例

細かい作成方法は省略しますが、オートレイアウトを応用すれば複雑なUIでもサイズ変更に対応できます。例として商品を表示するためのUIを作成しました①。長いテキストを入力すると全体が縦方向にリサイズし②、横幅を広げるとそれに応じてテキストボックスのサイズや値段の位置が変わります③。

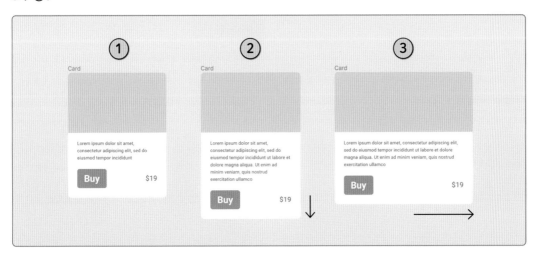

以下はこのUIの構成図です。全体のフレームにオートレイアウトが適用されており、子要素である上段、中段、下段のフレームにもオートレイアウトが適用されています。目的に応じたサイズ変更の使い分けに注目してください。

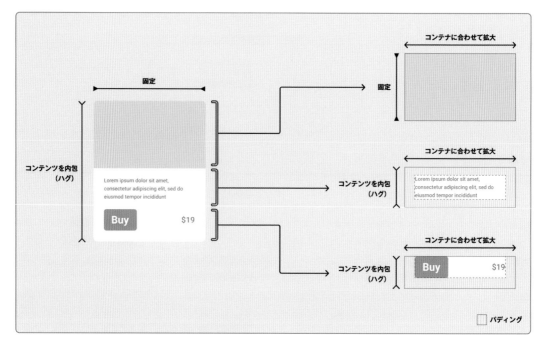

下段のフレームは垂直方向の位置が中央に揃うように「配置」し①、「分布」を［間隔を空けて配置］に設定しています②。

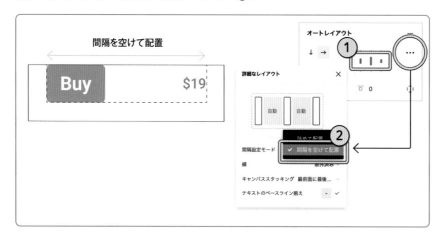

SAMPLE FILE
Chapter 2 - 02

複雑な構成のため、リファレンス編ではありますがサンプルファイルを用意しました。

03 コンポーネント

繰り返し使用する要素を「コンポーネント」として登録しておけば、デザインの修正作業が効率的になります。ここでも〔Button〕を例にして解説します。

● コンポーネントの作成

コンポーネントを作成するには、〔Button〕を選択してツールバーから［コンポーネントの作成］のアイコン（✤）をクリックするかショートカットを実行します。

SHORTCUT

コンポーネントの作成

Mac	⌘ option K
Win	ctrl alt K

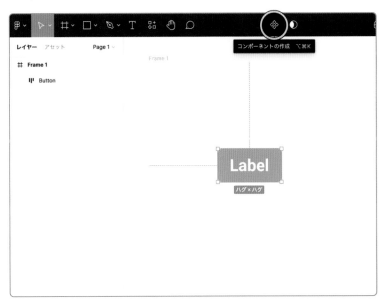

作成されたコンポーネントは左パネルの［アセット］タブで確認できます①。［ローカルコンポーネント］＞［Frame 1]を開くとコンポーネントが表示されます。リストビューに切り替えるには②のアイコンをクリックします。

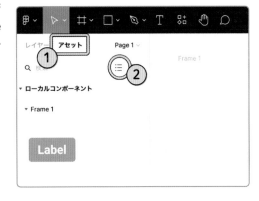

◉ インスタンスの作成

コンポーネントはUIの"雛形"でありレイアウトには直接使用しません。**コンポーネントから「インスタンス」を作成してデザインに組み込みましょう。**

インスタンスを作成するにはリソースパネルを表示して「Button」を検索します①。検索結果に表示されたコンポーネントをキャンバスにドラッグするとインスタンスが作成されます②。[アセット]タブでも同じ操作が可能です。

SHORTCUT

リソースパネルを表示

| Mac | shift I |
| Win | shift I |

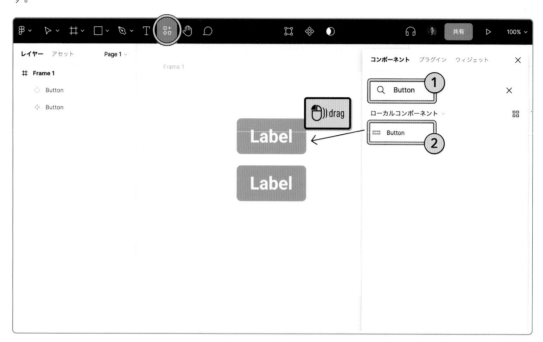

コンポーネントとインスタンスを判別するには、レイヤーのアイコンを確認します。

Buttonコンポーネント

Buttonインスタンス

コンポーネントの情報

インスタンスの選択中は右パネルにコンポーネント名が表示されます。❖をクリックすると元のコンポーネントに移動します。

> **memo**
>
> [アセット]タブからでもインスタンスを作成できますが、[リソースパネルを表示]を使ってできるだけ素早く作業しましょう。

> **memo**
>
> コンポーネントを複製するとインスタンスが作成されます。言い換えると、コンポーネントを新しいコンポーネントとして複製することはできません。

コンポーネントの復元

間違って元のコンポーネントを削除してしまった場合、右パネルの[コンポーネントを復元]をクリックしてコンポーネントを復元できます。

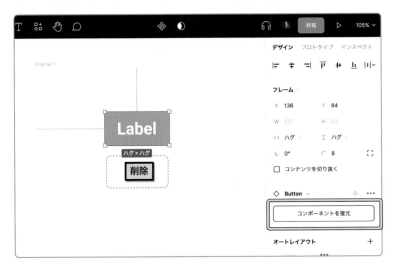

インスタンスの切り離し

インスタンスとコンポーネントの関係を切りたい場合は[インスタンスの切り離し]を実行します。実行するとインスタンスが通常のオブジェクトに変換されます。インスタンスの切り離しはデザインの一貫性が崩れる原因になりやすいため、チームで作業している場合は慎重に判断してください。

SHORTCUT			
インスタンスの切り離し			
Mac	⌘	option	B
Win	ctrl	alt	B

● コンポーネントの変更

コンポーネントを変更すると、その変更はすべてのインスタンスに反映されます。〔Button〕コンポーネントを選択し①、角の半径を［32］に変更しました②。コンポーネントの変更により〔Button〕インスタンスの形状も変更されています③。

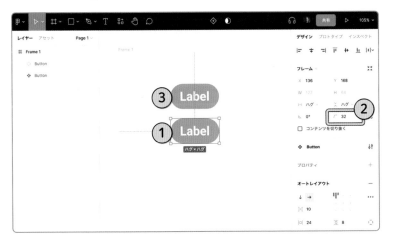

103

● プロパティの上書き

インスタンスのプロパティやテキストは上書き（変更）できます。右図は〔Button〕インスタンスの塗りとテキストを上書きした例です。

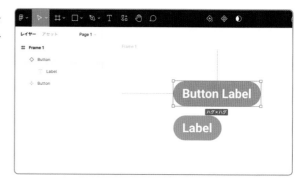

上書きの優先

インスタンスで上書きされているプロパティは常に優先されます。〔Button〕コンポーネントのテキストを「Label」から「Btn Label」に変更しても①、インスタンスのテキストは「Button Label」のままです②。

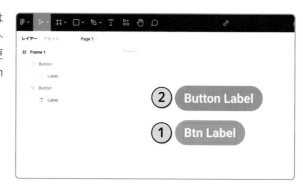

一方、角の半径はインスタンスで上書きされていません。〔Button〕コンポーネントの角の半径を[8]に戻すと、インスタンスにも変更が反映されます④。

プロパティの上書きをリセットするには、右パネルの詳細メニューから[すべての変更をリセット]を選択します。

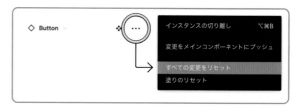

● 入れ子のコンポーネント

コンポーネントは別のコンポーネントのインスタンスを入れ子にできます。

例として中身が楕円だけの〔Checkbox/Default〕コンポーネントを作成しました。

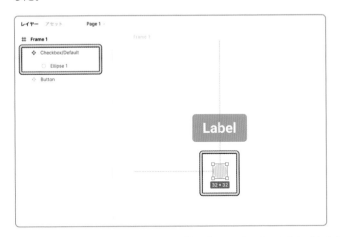

[リソースパネルを表示]を実行し①、[コンポーネント]タブから[Checkbox]を選択、表示された[Default]をドラッグして〔Button〕の中に配置します②。〔Checkbox/Default〕インスタンスが〔Button〕コンポーネントの子要素になりました③。

SHORTCUT

リソースパネルを表示

Mac	shift I
Win	shift I

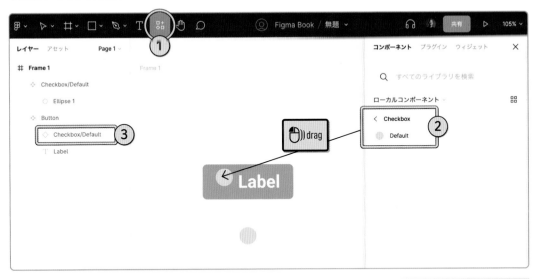

垂直方向の位置を合わせるため、〔Button〕を選択してオートレイアウトの配置を[左上揃え]から[左揃え]に変更します。

メニューの階層化

コンポーネントの名前に半角スラッシュ（/）を使うと、選択時のメニューが階層化されます。用途の似ているコンポーネントを階層化しておくと見つけやすくなります。

⬤ インスタンスの置き換え

キャンバスに配置されたインスタンスは、ほかのコンポーネントのインスタンスと置き換えられます。 これは入れ子になったインスタンスも同様です。

〔Checkbox/Checked〕というコンポーネントを新規に作成しました。

楕円の上にベクターパスでチェックマークを描いています。

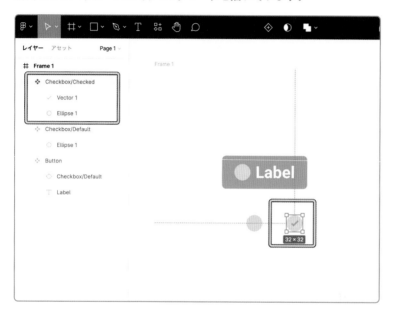

〔Button〕インスタンスの中の〔Checkbox/Default〕を選択し①、右パネルのコンポーネント名をクリックしてパネルを開きます②。

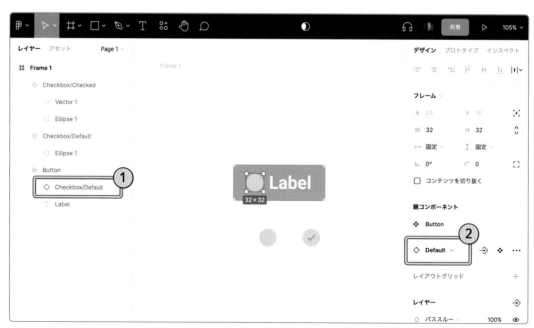

〔Checkbox/Default〕コンポーネントはスラッシュ（/）で階層化されている
ため、同じ階層にある〔Checkbox/Checked〕コンポーネントが候補とし
て表示されます。［Checked]をクリックするとインスタンスが置き換わり
ます。

このようにインスタンスを置き換えることで、〔Checkbox/Default〕と
〔Checkbox/Checked〕が配置されている〔Button〕のバリエーションを
簡単に作成できます。

04

バリアントと コンポーネントプロパティ

複雑なUIを管理するには独自のプロパティを定義してコンポーネントの見た目を切り替えます。独自のプロパティを追加するには「バリアント」と「コンポーネントプロパティ」の2種類の方法があります。

● バリアントの作成

〔Button〕コンポーネントを選択し、ツールバーから[バリアントの追加]のアイコンをクリックします。

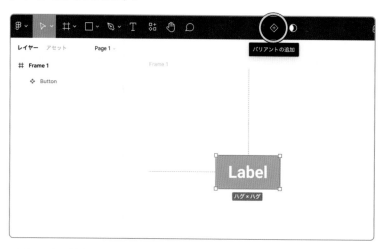

> **バリアントには コンポーネントが必要**
>
> インスタンスや通常のオブジェクトからバリアントは作成できません。

バリアントが追加されると紫色の点線で囲まれた「コンポーネントセット」が作成され①、独自のプロパティが右パネルに表示されます②。

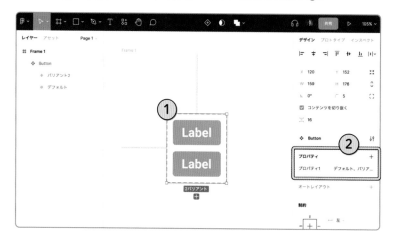

コンポーネントセットを選択して設定アイコンをクリックします。プロパティの名前をクリックして「State」に変更①、値を「Default」と「Pressed」に変更します②。[Pressed]が適用されたボタンを"押下された状態"としてデザインします。

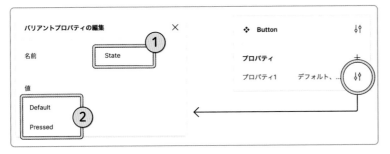

2番目のボタンを選択して①、塗りを[#3A8CD9]に変更しました②。

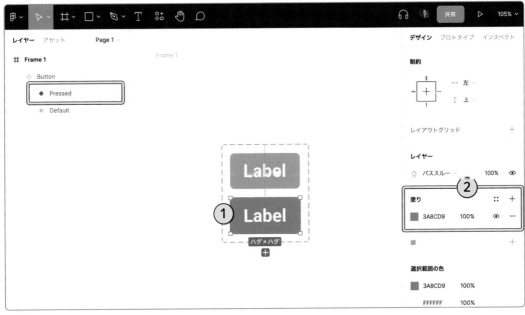

バリアントの追加

ボタンの"無効化された状態"を追加します。

新しいバリアントを追加するには、コンポーネントセットにマウスオーバーして⊞をクリックします。

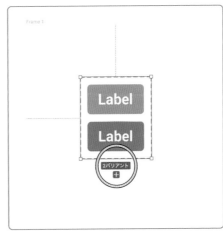

新しく追加されたバリアントの値を「Disabled」①、ボタンの塗りを[#C4C4C4]
②に変更します。

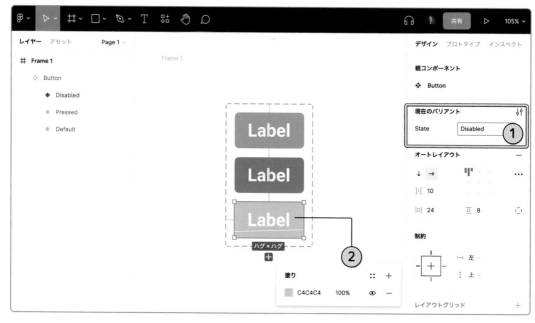

以下の3つのバリアントが完成しました。

State	意味
Default	通常の状態
Pressed	押下された状態
Disabled	無効化された状態

バリアントは通常のコンポーネントと同じように使用できます。配置されたインスタンスには独自のプロパティが追加されており、[State]の値を変更することでデザインを切り替えられます。

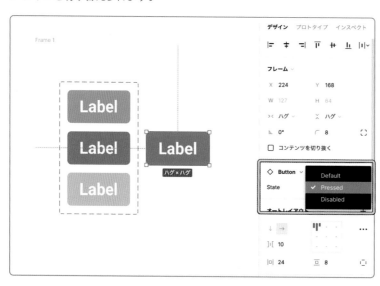

● ブーリアン型

「ブーリアン型」は、真理値（trueまたはfalse）を表すプログラミング用語です。ブーリアン型を使うとバリアントの切り替えメニューが"スイッチ"に変更されます。

コンポーネントセットを選択し、右パネルのプロパティから［バリアント］を選択します①。表示されるパネル内で、プロパティの名前に「Rounded」、値に「false」を入力して［プロパティを作成］をクリックします②。

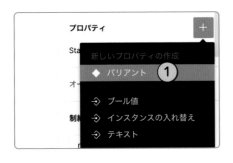
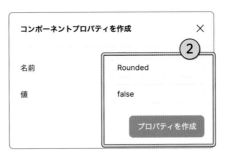

コンポーネントセットの⊞をクリックして新しいバリアントを追加します③。
作成されたバリアントを［Rounded: true］に変更しました④。

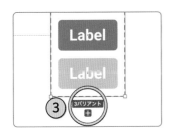
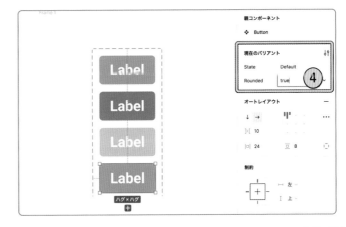

新しいバリアントは最下部に追加されます。コンポーネントセットはフレームの一種であり、ドラッグして自由に変形できます。バリアントを見やすく整理しましょう。

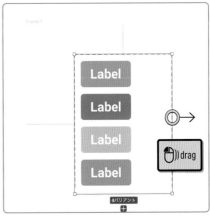

[Rounded: true]のバリアントを[角の半径: 32]に変更します。

[リソースパネルを表示]か左パネルの[アセット]タブから〔Button〕インス
タンスを配置すると、右パネルに[Rounded: true]と[Rounded: false]
を切り替えるためのスイッチが表示されます。スイッチをクリックするとデ
ザインが切り替わります。

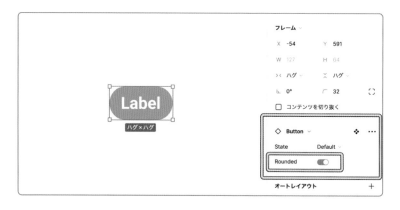

SHORTCUT

リソースパネルを表示

Mac	shift	I
Win	shift	I

この状態から[State]を[Pressed]に変更すると、強制的に[Rounded: false]に変更されてしまいます。対応するバリアントが存在しないことが原因です。

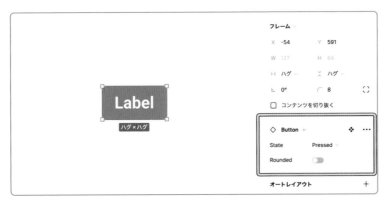

複雑すぎる構成に注意

プロパティと値を追加すればするほど組み合わせの数は膨れ上がり、どのバリアントをいつ使用するべきなのか判断が難しくなります。コンポーネント名による階層化とあわせて使うと管理しやすくなります。

名前は重要

プロパティ名や値は熟考しましょう。たとえば、[Size]というプロパティに対して[Large]と[Big]という値は不適切です。この場合は[Large]に統一してください。

これを解決するには[State: Pressed]と[State: Disabled]に対応するバリアントを追加し、どの[State]でも[Rounded: true]を適用できるようにします。

3種類の[State]と2種類の[Rounded]を掛け合わせて合計6種類のバリエーションが完成しました。

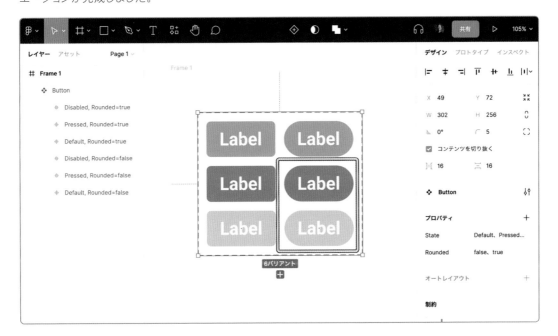

● コンポーネントプロパティの追加

コンポーネントプロパティを使うと、見た目のバリエーションを追加することなく独自のプロパティを定義することができます。107ページで作成した入れ子のコンポーネントを例に解説します。

レイヤーの表示／非表示を切り替えるプロパティ

〔Button〕コンポーネント内の〔Checkbox/Checked〕を選択し、右パネルからレイヤーの 🔁 をクリック①。プロパティの名前を「hasIcon」に変更し、[プロパティを作成]をクリックするだけで完了です②。

このコンポーネントのインスタンスを配置すると、右パネルに[hasIcon]プロパティが表示されており、アイコンあり／なしを素早く切り替えられます。

インスタンスを置き換えるためのプロパティ

プロパティ経由でインスタンスを置き換えられるよう設定できます。

再びコンポーネント内の〔Checkbox/Checked〕を選択し、コンポーネント名の隣にある 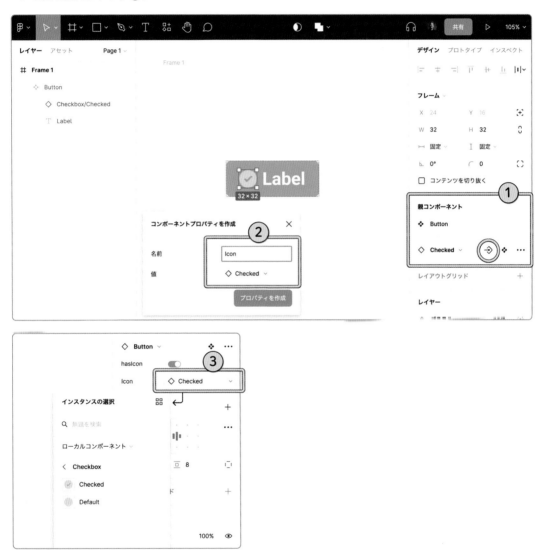 をクリック①、プロパティの名前を「Icon」とします②。こうすることで配置された〔Button〕インスタンスのプロパティから直接アイコンを置き換えられます③。

テキストを上書きするプロパティ

テキストを上書きするためのプロパティは［Content］を利用します。 をクリックし①、プロパティの名前を「Text」とします②。これで〔Button〕のプロパティとしてテキストを変更可能です③。テキストレイヤーを上書きする必要はありません。

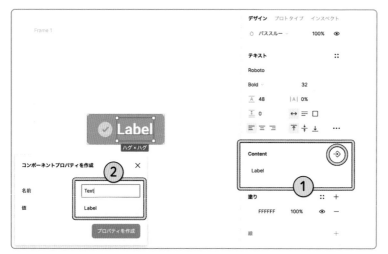

バリアントとコンポーネントプロパティの使い分け

サイズやレイアウトが大きく異なるバリエーションの作成にはバリアントが推奨されています。バリアントは、プロパティに対する選択肢を制限できるため、コンポーネントの使用方法がより明確になります。コンポーネントプロパティは、テキストやアイコンの差し替えなど、より汎用的な使い方をする場合に向いています。

05 スタイル

スタイルはコンポーネントと似ていますが、それ自体はオブジェクトではありません。コンポーネントは再利用可能なオブジェクトであり、スタイルは再利用可能なプロパティといえます。登録可能なプロパティは色、テキスト、エフェクト、グリッドです。

● 色スタイル

スタイルを登録するにはオブジェクトが必要です。［W: 400, H: 400］のフレームを作成し、その中に［W: 40, H: 40］の楕円を3つ作成しました。左から［塗り: #4BA9DE］、［塗り: #FFD597］、［塗り: #F37F7F］に設定します。

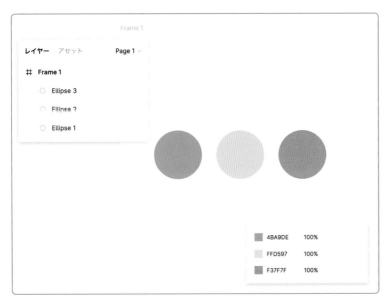

青い楕円を選択して右パネルから∷をクリック①、続けて⊞をクリックします②。

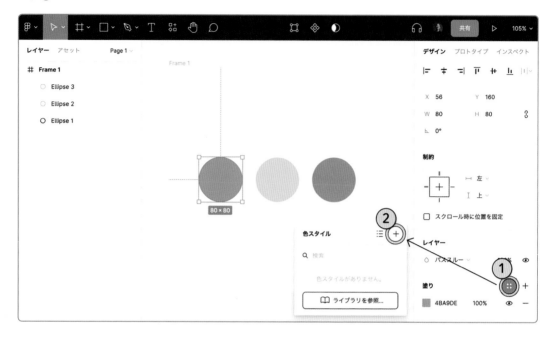

名前に「Blue」と入力し［スタイルの作成］をクリックします③。スタイルの作成が完了するとオブジェクトにスタイルが適用されます④。

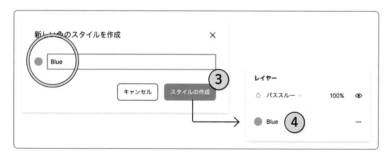

同じ手順を繰り返して黄色には「Yellow」、赤色には「Red」という名前のスタイルを適用しました。単色だけでなく画像やグラデーションも登録可能です。

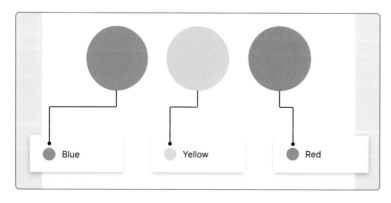

作成済みのスタイルを使用するには、オブジェクトを選択してスタイルパネルからスタイルを選択します。

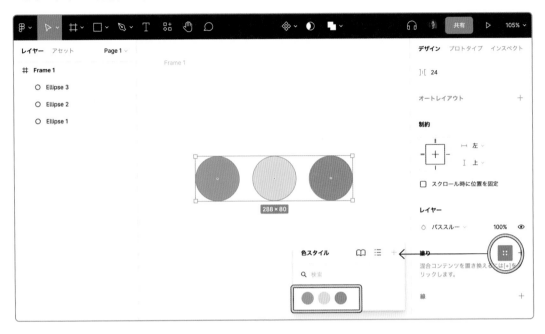

キーボードの esc を押すかキャンバスの余白をクリックすると、作成したスタイルの一覧が右パネルに表示されます。

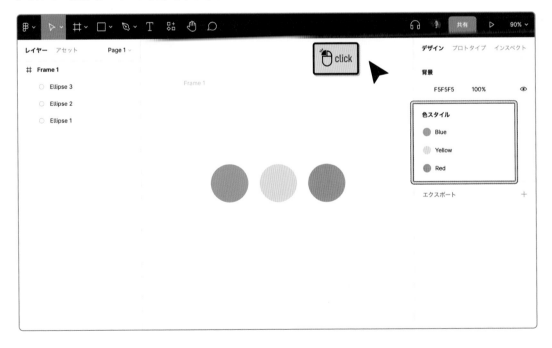

スタイルの並び替え

スタイルをドラッグして一覧の順序を変更できます。

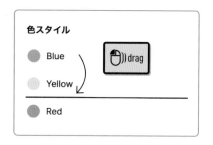

スタイルの整理

右クリックして［新しいフォルダの追加］を選択すると、スタイルを階層化できます。

スタイルの削除

右クリックして［スタイルを削除］を選択すると、スタイルを削除できます。

スタイルの編集

スタイルを編集するには右端のアイコンをクリックします。名前の変更①、説明の入力②、色の変更③が可能です。説明はスタイルにマウスオーバーしたときに表示されます。

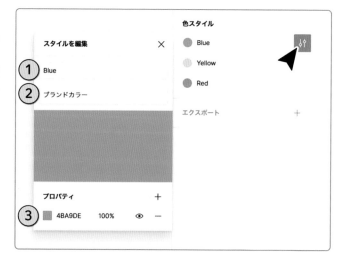

⬤ エフェクトスタイル

色と同じように、エフェクトをスタイルとして登録できます。オブジェクトに
エフェクトを適用しておきます①。右パネルのエフェクトから⊞のアイコン
をクリックし②、⊞をクリックしてスタイルに名前を付けます③。

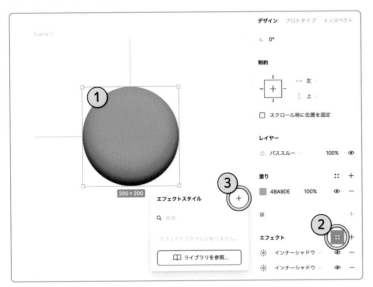

⬤ テキストスタイル

テキスト設定も同じ方法でスタイルに登録できます。

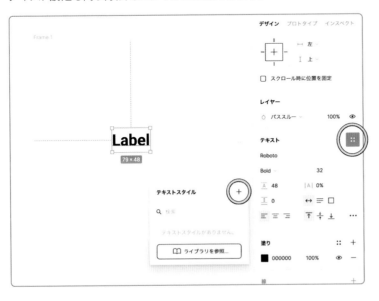

メニューの階層化

コンポーネントと同様、スタイ
ルの名前に半角スラッシュ(/)
を使うとメニューが階層化さ
れます。

テキストスタイル

▾ Button Label

Ag Large · 32/48

Ag Small · 14/24

● チームライブラリ（スタイル）

スタイルは「ライブラリ」を通してファイル間で共有可能です。現在開いているファイルのスタイルを共有するには、左パネル［アセット］タブから①、ライブラリパネルを開き②、［公開 ...］ボタンをクリックします③。

対象となるスタイルのチェックボックスをONにして［スタイルを公開］をクリックします④。公開すると別のファイルでこれらのスタイルを利用可能になります。

公開されたスタイルを利用するには、同じチーム内に新しいデザインファイルを作成します。［アセット］タブからライブラリパネルを開き①、先ほど公開したライブラリのスイッチをONにすると②、スタイルの利用を開始できます。

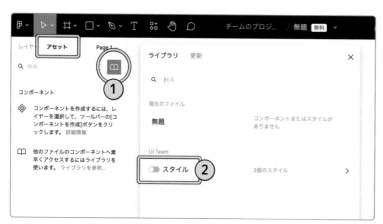

memo

無料プランで共有できるのはスタイルのみです。有料プランにアップグレードするとコンポーネントも共有可能になります。

Chapter 3

ワイヤーフレームを作成する

ワイヤーフレームとは、詳細なデザインを作成する前の画面設計図です。見た目の美しさは後回しにして、ユーザーフローを実現するためレイアウトを作成します。

01

ワイヤーフレームの準備

8pt グリッドシステム

8pt（8dp）のグリッドに従ってレイアウトを決定する手法を「8ptグリッドシステム」といい、以下のようなメリットがあります。

- 複数のデザイナーが同じルールに従うことでデザインの一貫性が維持されます。
- 10pt よりも 8pt、15pt よりも 16pt を優先することが明確なため、レイアウトの意思決定が早まります。
- ピクセル密度に応じた画像の書き出しに有利です。たとえば50 x 50の @0.75x は 37.5 x 37.5 となってしまいますが、48 x 48の @0.75x は 36 x 36 です（画像を鮮明に表示するにはサイズを整数にします）。

本書では 8ptグリッドシステムを使ってワイヤーフレームを作成します。ただし、グリッドを絶対的な存在として捉えないでください。全体の一貫性を失わなければルールを破っても大丈夫です。基本的なルールは押さえつつ柔軟性を持ってデザインに臨みましょう。

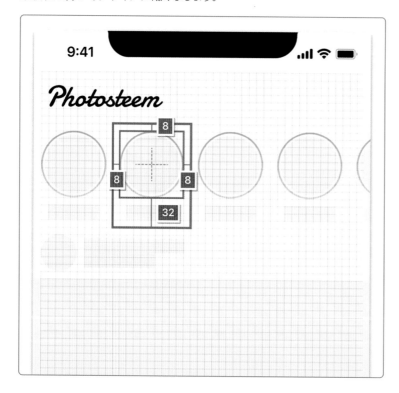

◯ ファイルの作成

新しいファイルを作成してください。ファイル名は「App Design」とします。

まずは[W: 375, H: 812]のフレームを作成します。キーボードの F を押して、右パネルから[iPhone 11 Pro / X]を選択すると素早く作成できます。[iPhone 13 mini]も同じサイズですがノッチの形状と後述するSafe Areaの大きさが異なります。

memo

アプリではなくウェブサイトのデザインの場合、フレームのテンプレートから[デスクトップ]などを選択します。

フレームの名前をダブルクリックして、名前を「Home」に変更します。

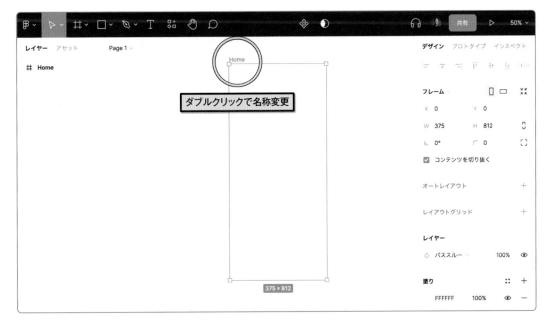

● グリッドの作成

〔Home〕の中に新しいフレームを追加してください。レイヤー名をダブル
クリックして名前を「Grid」に変更し①、サイズを[W: 360, H: 734]、位
置を[X: 8, Y: 44]に設定します②。水平方向の[制約]を[左右]、垂直
方向を[上下]に変更してください③。

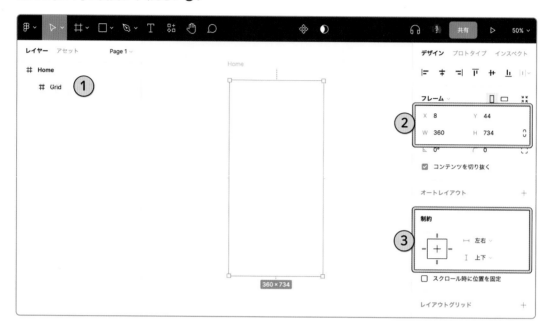

〔Grid〕が選択された状態で、右パネルからレイアウトグリッドの田ボタン
をクリックします。

設定アイコンをクリックして①、Sizeを[8]に変更してください②。

これでレイアウトの基準となるグリッドが完成しました。画面の左側に8pt、右側に7ptの余白を設け、中央に360ptの領域を確保しています。以降、このグリッドからはみ出さないようにアプリのUIを配置します。

左右の余白は変更可能

たとえば、左側の余白を20pt、右側を19ptに変更すると中央の領域は336ptです。336も8で割り切れるので8ptグリッドシステムが適用できます。

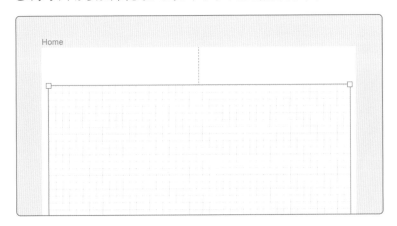

意図せずグリッドが編集されないよう、レイヤーパネルで〔Grid〕をロックしてください①。ロックできたら〔Home〕の下端を下方向にドラッグします②。［制約］によって上下の余白の高さが維持されることを確認できたら［H: 812］に戻しておきましょう。

SHORTCUT
選択範囲をロック /
ロック解除

Mac	⌘	shift	L
Win	ctrl	shift	L

SHORTCUT
元に戻す

Mac	⌘	Z
Win	ctrl	Z

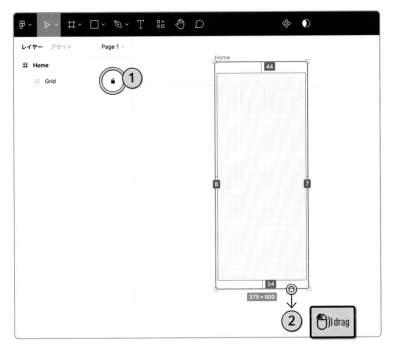

● Safe Area

上部の44ptと下部34ptには、OSが提供するステータスバーやホームインジケーターが配置されます。この部分を避けた領域のことを「Safe Area」と呼び、その中にアプリのUIを配置します。Safe Areaのサイズはデバイスによって異なるので作業の前に確認しておきましょう。

Cutout Area

Androidの場合、OS側の要素が配置される領域のことを「Cutout Area」と呼びます。

iPhoneの余白のサイズは以下の通りです。

デバイス	上部余白	下部余白	デバイス	上部余白	下部余白
iPhone SE (2nd Gen)	20	0	iPhone 13 mini	50	34
iPhone SE (3nd Gen)	20	0	iPhone 13 / 13 Pro	47	34
iPhone 8	20	0	iPhone 13 Pro Max	47	34
iPhone 11 Pro / X	44	34	iPhone 14	47	34
iPhone 11 Pro Max	44	34	iPhone 14 Plus	47	34
iPhone 12 mini	50	34	iPhone 14 Pro	59	34
iPhone 12 / 12 Pro	47	34	iPhone 14 Pro Max	59	34
iPhone 12 Pro Max	47	34			

SAMPLE FILE
Chapter 3 - 01

サンプルファイルについて

各節の最後のページに記載しているサンプルファイルは、サポートサイトからご利用いただけます。利用方法は「本書を読む前に」をご確認ください。

🔗 https://figbook.jp/

グリッドが表示された状態でファイルが開きます。全体を確認する場合は、右記のショートカットでグリッドを非表示にすると見やすくなります。

SHORTCUT

レイアウトグリッドの表示

| Mac | control | G |
| Win | ctrl | shift | 4 |

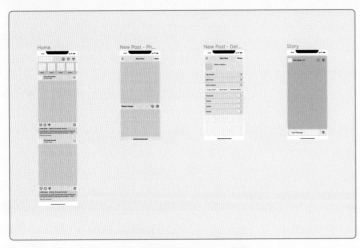

グリッドが表示されている状態

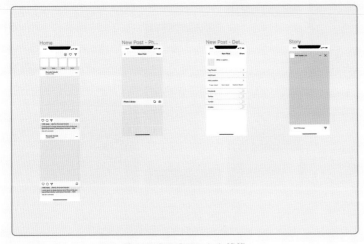

グリッドを非表示にした状態

02

外部UI Kitの活用

ステータスバーやホームインジケーターなど、OSが提供するさまざまなUI
をまとめて「UI Kit」と呼びます。Figmaのコミュニティに公開されている
ファイルを利用させてもらいましょう。

memo

このファイルは筆者が複製
したものです。オリジナルの
『iOS 15 UI Kit』や最新版
である『iOS 16 UI Kit for
Figma』も存在しますが、本
書の構成と異なるため、左記
のリンクをご利用ください。

● iOS 15 UI Kit for Figma

UI Kitの一例を紹介します。以下のURLを開いてください。

🔗 https://www.figma.com/community/file/1151306334429092283

右上の[コピーを取得する]ボタンをクリックすると、自分の下書きに複製さ
れます。

各種リンクについて

本書で扱うすべてのURLは、サポートサイトにリンクを掲載しています。

🔗 https://figbook.jp/

複製するとファイルが自動的に開きます。開かない場合はプロジェクトページに戻り①、左メニューから［下書き］を選択します②。ファイルをダブルクリックして開いてください③。

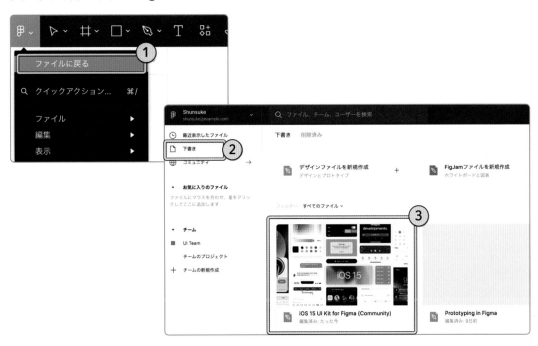

下図は「iOS 15 UI Kit for Figma」を開いた様子です。非常に多くのUIパーツが含まれています。

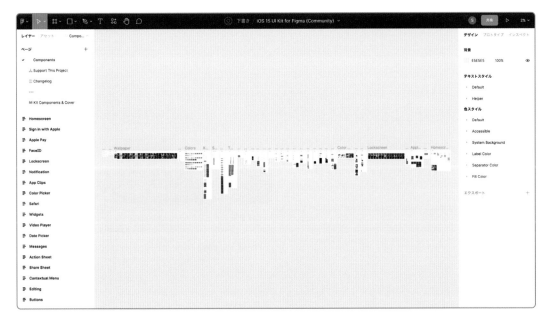

● 見つからないフォント

UI KitにはiOS用のフォントが使用されています。フォントがインストールされていない場合、画面右上に[フォントが欠落]のアイコンが表示されるので、クリックして詳細を確認してください。

---

① このフォントが適用されているテキストオブジェクトをすべて選択します。

② 見つからないフォントを別のフォントに置き換えます。

UI Kitに使用されているSF Proシリーズのフォントは Windowsに対応していません。Windowsをお使いの方は RobotoやHelveticaなどに置き換えるか、このアラートを無視して学習を進めてください。Macをお使いの方は以下のURLからインストーラーをダウンロードできます。

🔗 https://developer.apple.com/fonts/

● UI Kitのコピー

App Designのファイルに戻りましょう。

① 左パネル上部に現在のページ名が表示されています。クリックしてページの一覧を開いてください。

② ページの名前をダブルクリックして名前を「Design」に変更します。

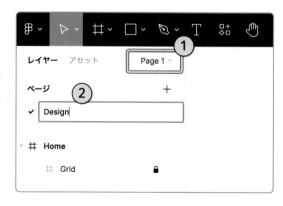

⊞をクリックして新しいページを作成し、「UI Kit」と名前を付けます。

SHORTCUT

コピー

Mac	⌘ C
Win	ctrl C

SHORTCUT

貼り付け

Mac	⌘ V
Win	ctrl V

UI Kitのファイルから以下のフレームをコピーし、App Designの[UI Kit]ページに貼り付けてください。

Status Bar & Home Indicator

Switches & Sliders

これでUI Kitを使用する準備が整いました。

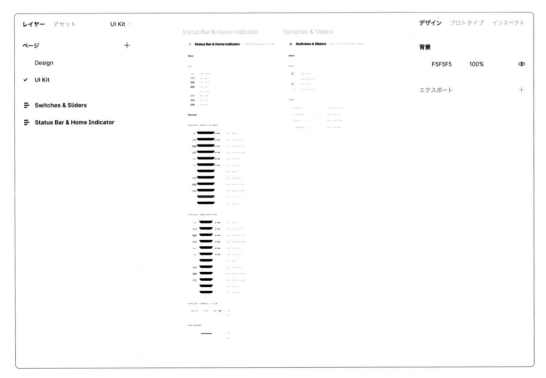

1

2

3

4

5

6

7

⊙ UI Kitの配置

Status Bar

[Design]ページに戻り、外部UI Kitから取り込んだコンポーネントをワイヤーフレームに配置しましょう。

[リソースパネルを表示]を実行して検索バーに「status」と入力します①。表示された[Status Bar / iPhone X (or newer)]を〔Home〕にドラッグして配置してください②。

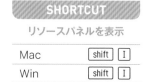

SHORTCUT

リソースパネルを表示

Mac	shift	I
Win	shift	I

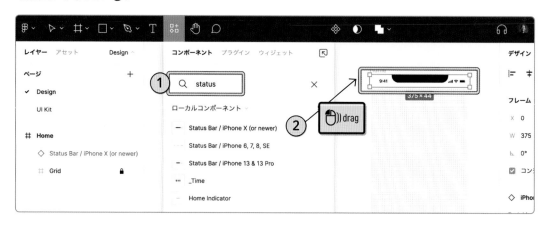

〔Status Bar〕を画面中央上部（Safe Areaの外）に配置するため、[水平方向の中央揃え]①と[上揃え]②をクリックします。水平方向の[制約]を[左右]に設定してください③。

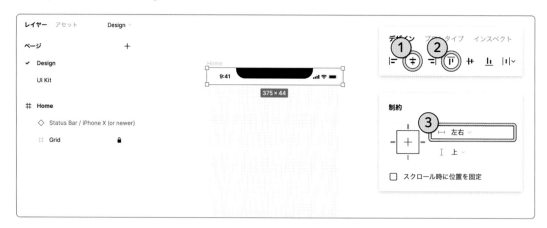

memo

左パネルの[アセット]タブでも外部UI Kitにアクセスできます。

02

外部UI Kitの活用

Home Indicator

同様にHome Indicatorを配置します。

[リソースパネルを表示]で「home」を検索し、[Home Indicator]を
〔Home〕にドラッグします①。

[水平方向の中央揃え]と[下揃え]をクリックして②、画面中央下部（Safe
Areaの外）に配置します。水平方向の[制約]を[左右]、垂直方向を[下]
に変更してください③（画面のリサイズに対応するための設定です）。

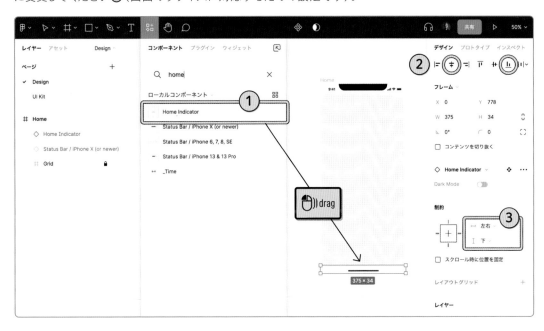

〔Home Indicator〕と〔Status Bar〕のレイヤーをロックしておきましょう。
これで画面の枠組みが準備できました。

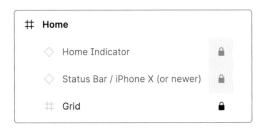

他の画面も同じ構成となるため、ホーム画面を流用します。〔Home〕が選択されている状態で複製を3回繰り返し、複製されたフレームの名前を左から順に以下のように変更してください。

- New Post - Photos
- New Post - Details
- Story

これらはユーザーフローの「写真の選択画面」、「詳細の入力画面」、「ストーリー画面」に対応しています。〔Grid〕や〔Status Bar〕が配置された状態で複製されていることを確認してください。グリッドが表示されていない場合は[レイアウトグリッドの表示]を実行して確認します。

SHORTCUT

複製

Mac	⌘ D
Win	ctrl D

SHORTCUT

レイアウトグリッドの表示

Mac	control G
Win	ctrl shift 4

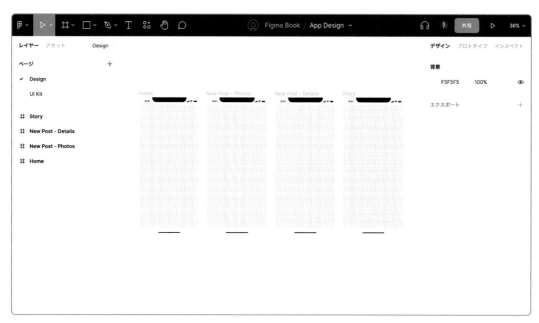

チームライブラリ（コンポーネント）

本書では、外部 UI Kit のコンポーネントを"複製"して使用しており、元ファイルとのリンクが切れています。リンクを維持するには"チームライブラリ"経由でコンポーネントを共有する必要がありますが、無料プランでは利用できません。

具体的な方法はサポートサイトの「Chapter 3」でご確認いただけます。

🔗 https://figbook.jp/

SAMPLE FILE

Chapter 3 - 02

03 ホーム画面

ホーム画面の最上部にはナビゲーションが配置され、その下には友達の一覧が並びます。画面の大部分には投稿された写真が表示され、スクロールすることで次の写真を読み込みます。

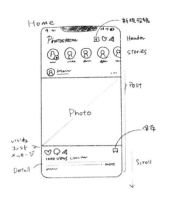

次頁以降、レイヤー名とオブジェクトのプロパティを以下のような「スペック」として記載します。

レイヤー名の前にはオブジェクトの種類を記載します。

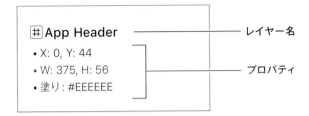

アイデアスケッチが効率的

手描きのワイヤーフレームでも認識合わせのための十分な情報量を持ち合わせています。スケッチをそのままプロトタイプとする『ペーパープロトタイピング』という手法もあります。

まずは〔Home〕の各領域を分割していきます。Safe Areaの中に、上から順に3つのフレームを作成し、レイヤー名、位置、サイズ、塗りを下記のように設定してください。

すべてのフレームの高さが8の倍数となっており、グリッドに沿うようにレイアウトされるはずです。グリッドの赤い線に沿って配置されていない場合は、「Chapter 3-01. ワイヤーフレームの準備」にてグリッドの作成方法を確認してください。

スペック

① # App Header
- X: 0, Y: 44
- W: 375, H: 56
- 塗り: #EEEEEE

② # Stories
- X: 0, Y: 100
- W: 375, H: 112
- 塗り: #DDDDDD

③ # Post
- X: 0, Y: 212
- W: 375, H: 576
- 塗り: #EEEEEE

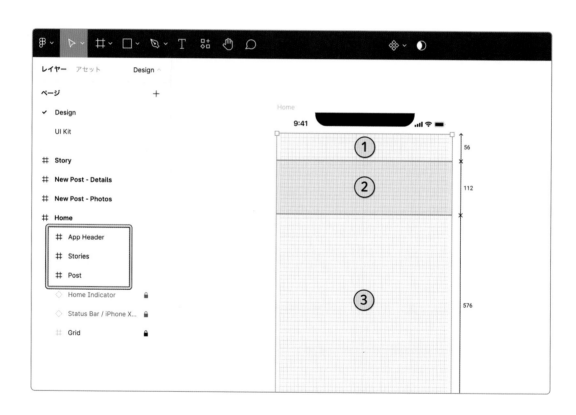

● App Header

〔App Header〕の中にロゴやボタンを配置するためのフレームを4つ追加
します。図とスペックを見ながら位置やサイズを調整してください。すべて
のサイズとXY座標に8の倍数を使っています。

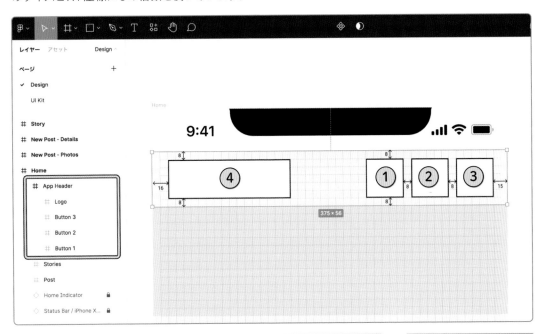

スペック

① # Button 1
- X: 224, Y: 8
- W: 40, H: 40
- 塗り: #FFFFFF

② # Button 2
- X: 272, Y: 8
- W: 40, H: 40
- 塗り: #FFFFFF

③ # Button 3
- X: 320, Y: 8
- W: 40, H: 40
- 塗り: #FFFFFF

④ # Logo
- X: 16, Y: 8
- W: 128, H: 40
- 塗り: #FFFFFF

座標の基準点

XY座標は親のフレームの左
上が基準点です。〔Logo〕
は〔Home〕を基準とするな
らば[X: 16, Y: 52]ですが、
親のフレームである〔App
Header〕を基準とするため
[X: 16, Y: 8]に設定します。

レイヤーパネルで〔App Header〕の中に4つのフレームが入っていること
を確認してください。レイヤー構造は［制約］に大きく影響するため、正し
く配置されている必要があります。

● Stories

〔Stories〕には友達の写真一覧を表示します。まずは〔Stories〕の中に
フレームを作成し「Story Item」と名前を付けてください。後ほど〔Story
Item〕を複製することで一覧を作成します。

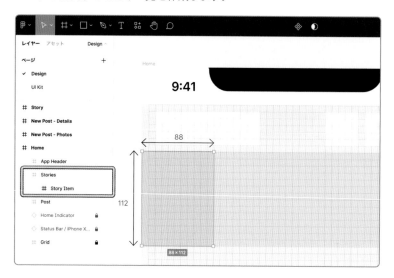

〔Story Item〕の中にフレームとテキストオブジェクトを追加します。表示さ
れる文字数をできるだけ増やすため〔Name〕はグリッドからはみ出るように
配置しました。

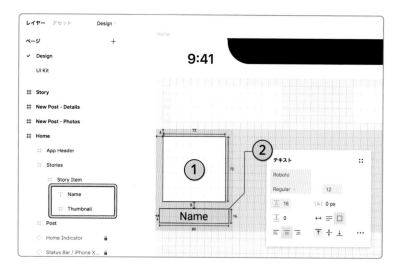

03

ホーム画面

〔Story Item〕をコンポーネントに変換します。〔Story Item〕を選択した状態で[コンポーネントの作成]を実行してください。変換されると、レイヤーパネルのアイコンがコンポーネントに変わります。

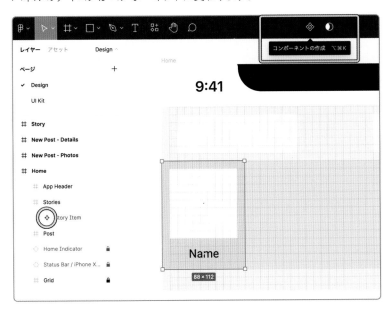

〔Story Item〕コンポーネントを複製することでインスタンスを作成します。複製を4回繰り返し、合計5つの〔Story Item〕を配置してください。最後のインスタンスが〔Stories〕からはみ出していますが問題ありません。

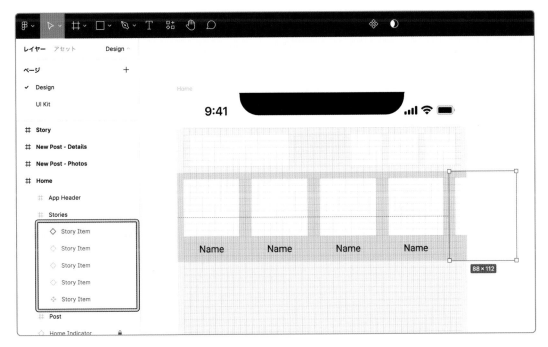

1

2

3

4

5

6

7

141

⬤ Post

〔Post〕はユーザーによって投稿された写真です。このアプリの主役であり、多くの情報が含まれます。まずはフレームを使って〔Post〕の領域を次のように分割してください。

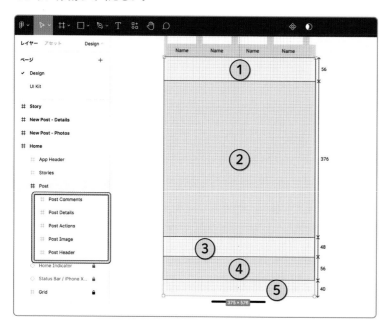

スペック

①⊞ Post Header
- X: 0, Y: 0
- W: 375, H: 56
- 塗り: #EEEEEE

②⊞ Post Image
- X: 0, Y: 56
- W: 375, H: 376
- 塗り: #DDDDDD

③⊞ Post Actions
- X: 0, Y: 432
- W: 375, H: 48
- 塗り: #EEEEEE

④⊞ Post Details
- X: 0, Y: 480
- W: 375, H: 56
- 塗り: #DDDDDD

⑤⊞ Post Comments
- X: 0, Y: 536
- W: 375, H: 40
- 塗り: #EEEEEE

Post Header

それぞれの領域について、詳細を作成していきましょう。〔Post Header〕には投稿者の写真、名前、撮影した場所が配置されます。スペックは次頁を参照してください。

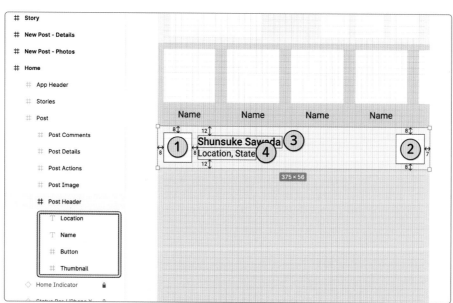

① ⊞ Thumbnail

- X: 8, Y: 8
- W: 40, H: 40
- 塗り: #FFFFFF

② ⊞ Button

- X: 328, Y: 8
- W: 40, H: 40
- 塗り: #FFFFFF

③ T Name

- X: 56, Y: 12
- 塗り: #000000
- テキスト:
- － フォント: Roboto Medium
- － フォントサイズ: 14
- － 行間: 16
- － サイズ変更: 幅の自動調整

④ T Location

- X: 56, Y: 28
- 塗り: #000000
- テキスト:
- － フォント: Roboto Regular
- － フォントサイズ: 12
- － 行間: 16
- － サイズ変更: 幅の自動調整

テキストオブジェクトのサイズ変更を[幅の自動調整]に設定して、文字数
を可変にしておきます。この場合、幅と高さが自動的に決定するため、W
とHの値を指定する必要はありません。

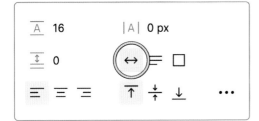

Post Actions

LIKEやコメントなど、ユーザーのアクションを受け付ける領域です。ボタン
を配置するためのフレームを4つ追加してください。

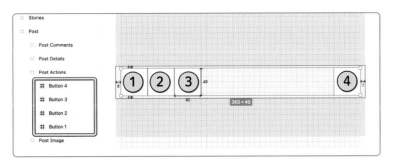

① ⊞ Button 1

- X: 8, Y: 4
- W: 40, H: 40
- 塗り: #FFFFFF

② ⊞ Button 2

- X: 48, Y: 4
- W: 40, H: 40
- 塗り: #FFFFFF

③ ⊞ Button 3

- X: 88, Y: 4
- W: 40, H: 40
- 塗り: #FFFFFF

④ ⊞ Button 4

- X: 328, Y: 4
- W: 40, H: 40
- 塗り: #FFFFFF

Post Details

閲覧数、LIKEした友達の名前、投稿の説明文を表示するスペースです。テキストオブジェクトを3つ追加してください。〔Description〕にはダミーテキストを入力しています。

日本語フォント

日本語を使用する場合は［フォント：Roboto］を［フォント：Noto Sans JP］に変更してください。

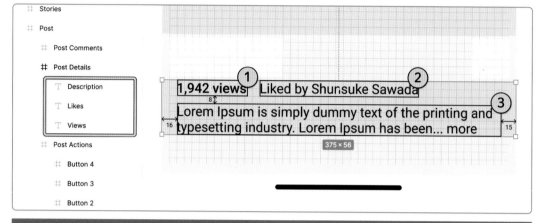

スペック

① T Views

- X: 16, Y: 0
- 塗り：#000000
- テキスト：
  - フォント：Roboto Medium
  - フォントサイズ：14
  - 行間：16
  - サイズ変更：幅の自動調整

② T Likes

- X: 104, Y: 0
- 塗り：#000000
- テキスト：
  - フォント：Roboto Regular
  - フォントサイズ：14
  - 行間：16
  - サイズ変更：幅の自動調整

③ T Description

- X: 16, Y: 24
- W: 344
- 塗り：#000000
- テキスト：
  - フォント：Roboto Regular
  - フォントサイズ：14
  - 行間：16
  - サイズ変更：高さの自動調整

右端でテキストを折り返すため、〔Description〕に［サイズ変更：高さの自動調整］を指定しています。

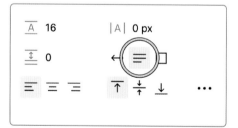

Post Comments

〔Post〕の最下部にはコメント数を表示します。テキストオブジェクトを追加し、［サイズ変更：高さの自動調整］を指定して固定幅としてください。

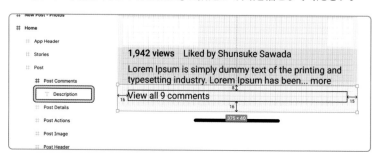

スペック

T Description

- X: 16, Y: 8
- W: 344
- 塗り：#000000
- テキスト：
  - フォント：Roboto Regular
  - フォントサイズ：14
  - 行間：16
  - サイズ変更：高さの自動調整

● コンポーネントの管理

〔Post〕は繰り返し使用するため、コンポーネントに変換しておきましょう。

SHORTCUT
コンポーネントの作成

Mac	⌘	option	K
Win	ctrl	alt	K

スクロールを表現するため、〔Home〕の高さを変更して〔Post〕を2つ配置しましょう。

〔Home〕のサイズを［W: 375, H: 1398］に変更します①。〔Post〕コンポーネントをインスタンスとして複製し、［X: 0, Y: 788］の位置に配置してください②。

グリッドを隠す

画面全体を確認する場合、以下のショートカットでグリッドを非表示に切り替えると見やすくなります。

SHORTCUT
レイアウトグリッドの表示

Mac		control	G
Win	ctrl	shift	4

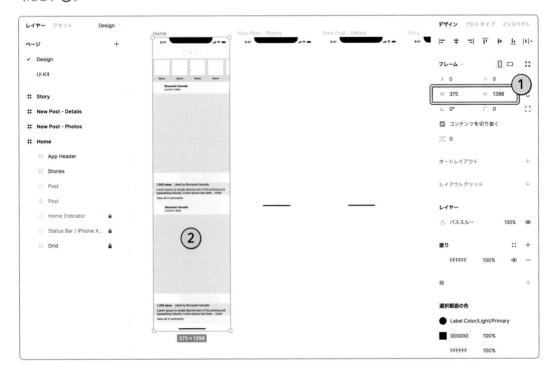

Componentsページの作成

現状では、コンポーネントがレイアウトに直接配置されており、コンポーネントの管理が煩雑になってしまう上にバリアントも作成できません。コンポーネント専用のページを用意し、そちらで管理するように変更します。

［ページ］の⊞をクリックし、新しいページを作成してください。名前を「Components」とします。

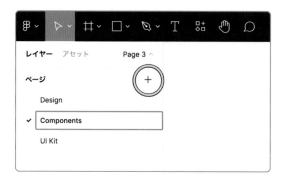

［Design］ページに戻り、〔Post〕コンポーネントを［複製］コマンドで複製してください。同じXY座標にインスタンスが作成されます。

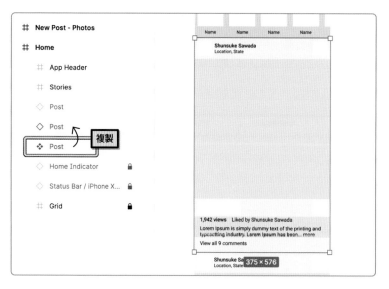

SHORTCUT

複製

Mac	⌘	D
Win	ctrl	D

複製できたら〔Post〕コンポーネントを右クリックし、［ページに移動］＞
［Components］を実行します。インスタンスではなく、必ずコンポーネン
トに対して実行するよう注意してください。

〔Post〕コンポーネントが［Design］ページから［Components］ページに移
動します。同じ要領で〔Story Item〕コンポーネントも移動し、［Compo-
nents］ページに2つのコンポーネントが格納されている状態にしてくださ
い。

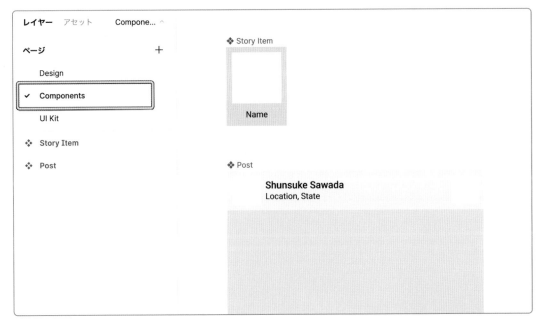

SAMPLE FILE

Chapter 3 - 03

04

アイコンの作成

ホーム画面を含め、このアプリに必要なアイコンを作成します。アイコン
は繰り返し使用される要素なので最初からコンポーネントとして作成しましょ
う。下図のアイデアスケッチをもとにアイコンを作成します。

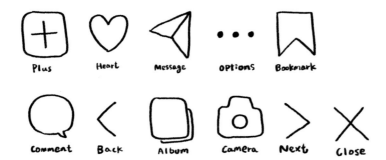

まずはアイコンを作成するための枠を用意します。［Components］ページ
を開いてください。

［W: 400, H400］のフレームを追加し、名前を「Icons」とします。

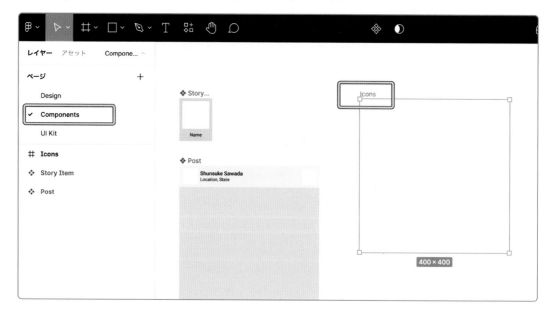

〔Icons〕の中に、［W: 32, H: 32］のフレームを左上から順に11個作成し、8ptのレイアウトグリッドを適用してください。レイアウトグリッドは右パネルから追加できます。

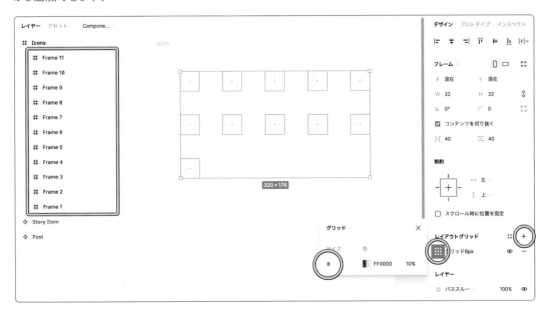

⬤ Plusアイコン

〔Frame 1〕にはプラスのアイコンを作成します。写真の選択画面に移動するためのボタンに使用されます。

図形の描画

スペックを参考にして長方形を追加してください。

塗りは削除し、線の状態にします。

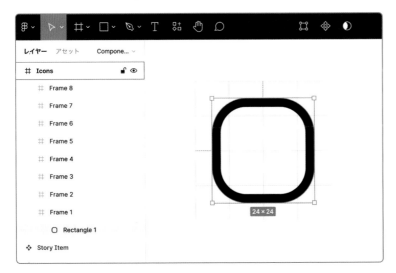

スペック

🔲 Rectangle 1
- X: 4, Y: 4
- W: 24, H: 24
- 角の半径: 8
- 線:
  − 色: #000000
  − 線幅: 2

[ペン]ツール（ P ）を選択して、十字の線を描きます。

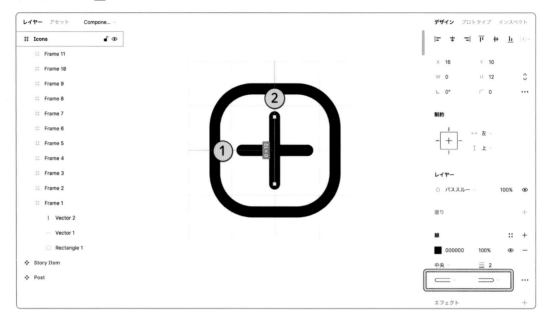

線プロパティには、先端の形状を変更するオプションがあります。開始点、終了点ともに［丸形］を選択してください。

図形の結合

描画した3つのレイヤーをすべて選択して、ブーリアングループから［選択範囲の結合］を選択すると、3つのオブジェクトが1つに結合されます。

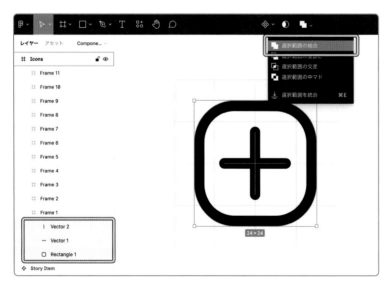

スペック

① ⌇ Vector 1
（横の線）

- X: 10, Y: 16
- W: 12, H: 0
- 線：
 – 色：#000000
 – 線幅：2

② ⌇ Vector 2
（縦の線）

- X: 16, Y: 10
- W: 0, H: 12
- 線：
 – 色：#000000
 – 線幅：2

結合すると〔Union〕というレイヤーに集約されますが、レイヤーパネルで
展開すると個別のオブジェクトが残っています。

SHORTCUT

選択範囲を統合

Mac	⌘ E
Win	ctrl E

［選択範囲を統合］を実行してレイヤーを完全に結合してください。

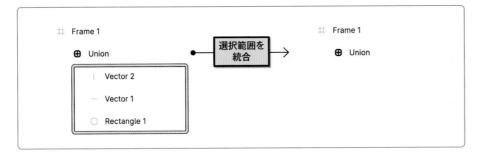

アイコンの拡大縮小に対応するため、〔Union〕の［制約］を水平方向、垂
直方向とも［拡大縮小］に変更します。

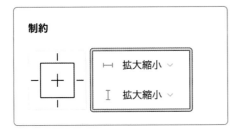

コンポーネント化

〔Frame 1〕のレイヤー名を「Plus」に変更し、コンポーネントに変換します。
レイヤーのアイコンがコンポーネントになっていることを確認してください。

これで1つ目のアイコンが完成しました。

SHORTCUT

コンポーネントの作成

Mac	⌘ option K
Win	ctrl alt K

● Heart アイコン

図形の描画

〔Frame 2〕にはハートのアイコンを作成します。ユーザーがLIKEするためのボタンに使用されます。

[ペン]ツール（ P ）を使って①→④の順序でベクターパスを描きます。①と④が[X: 16]（水平方向の中心）となるように注意してください。

スペック

☑ **Vector 1**

• 線：
  – 色：#000000
  – 線幅：2

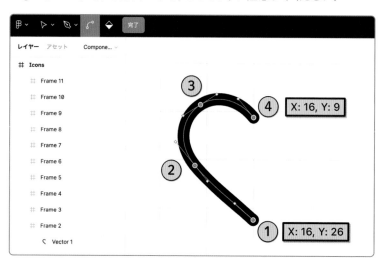

ベクターパスを複製し、[左右反転]で水平方向に反転します。複製されたベクターパスを右側に移動し、中央でぴったりと重ね合わせてください。

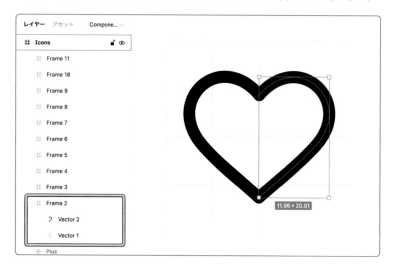

SHORTCUT

複製

Mac	⌘	D
Win	ctrl	D

SHORTCUT

左右反転

Mac	shift	H
Win	shift	H

図形の統合

2つのベクターパスを選択し［選択範囲を統合］でパスを統合します。

統合したら線の詳細メニューをクリックして①、結合から［丸形］を選択してください②。

SHORTCUT

選択範囲を統合

Mac	⌘ E
Win	ctrl E

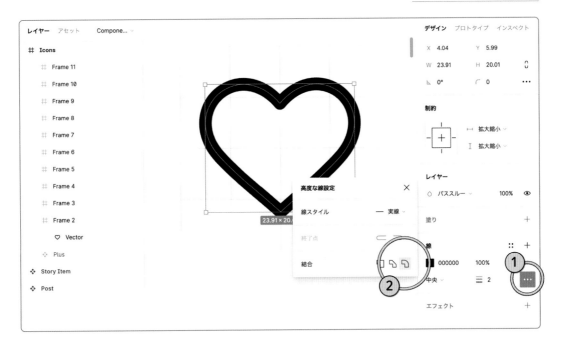

結合部分の形状は3種類から選択できます。

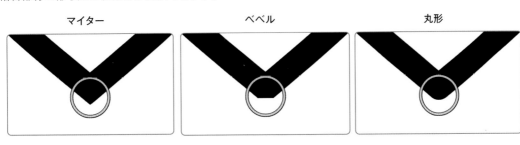

マイター　　　　　ベベル　　　　　丸形

アウトライン化

拡大縮小に対応するため、水平方向と垂直方向の［制約］を［拡大縮小］に変更します。ただし、線を使っている場合はこの対応だけでは不十分ですので注意してください。

次頁の図はアイコンの大きさを2倍に拡大した例です。期待している結果は左側ですが、現状の設定では右側のようなアイコンになってしまいます。

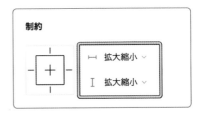

153

期待する結果
そのままの見た目で拡大される

現状の設定で得られる結果
拡大すると線が細く見える

[制約]による拡大では線の幅が変化しないことが原因です。この問題を解決するには、**[線のアウトライン化]を実行して、線を塗りに変換します。**線から塗りへの変換は「アウトライン化」と呼ばれ、頻繁に使用するテクニックです。

SHORTCUT

線のアウトライン化

| Mac | ⌘ | shift | O |
| Win | ctrl | shift | O |

ベクターパスとスナップ

ベクターパスのハンドルの動作がカクカクする場合、クイックアクションで「スナップ」を検索してすべてのスナップを無効化してください。アイコンの描画が完了したら忘れずに有効化しておきましょう。

SHORTCUT

クイックアクション

| Mac | ⌘ | / |
| Win | ctrl | / |

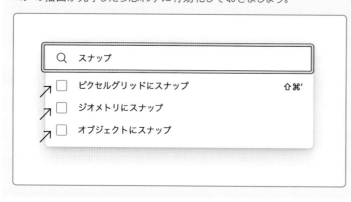

コンポーネント化

〔Frame 2〕のレイヤー名を「Heart」に変更し、コンポーネントに変換してください。これで2つ目のアイコンが完成しました。

SHORTCUT

コンポーネントの作成

| Mac | ⌘ | option | K |
| Win | ctrl | alt | K |

◐ そのほかのアイコン

詳しい解説は省略しますが、そのほか以下のようなアイコンが必要です。
アイコンの作成をスキップする場合は、サンプルファイル「Chapter 3 -
04」からコピーしてください。

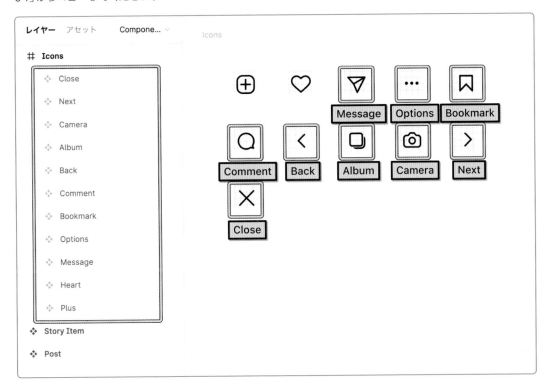

● アイコンの配置

完成したアイコンをワイヤーフレームに配置しましょう。［Design］ページ を表示し①、［リソースパネルを表示］を実行します。［Components］> ［Icons］の順にクリックして［Plus］を〔App Header ＞ Button 1〕の中に ドラッグしてください②。

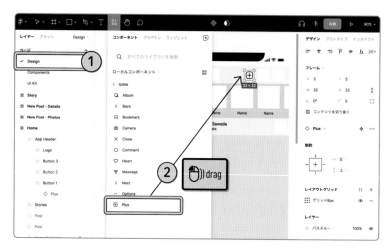

SHORTCUT

リソースパネルを表示

Mac	shift	I
Win	shift	I

メニューの階層化

［Components］> ［Icons］ は「［Components］ページ にある［Icons］フレーム」に 対応しています。適切な名前 を付けることで、目的のコン ポーネントを見つけやすくなり ます。

〔Button 1〕が親のフレーム、〔Plus〕インスタンスが子要素です。〔Plus〕 インスタンスが中央に配置されるよう位置と［制約］を変更してください。

スペック

◇**Plus**

- X: 4, Y: 4
- W: 32, H: 32
- 制約：
 – 中央
 – 中央

※［制約］を水平方向、垂直 方向の順で表記します。

同様に〔Button 2〕に〔Heart〕、〔Button 3〕に〔Message〕を配置して、 ［制約］を設定しましょう。

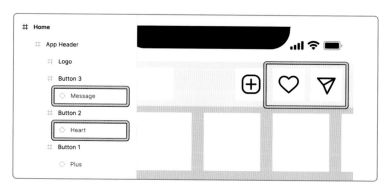

［Components］ページを開いて、〔Post〕コンポーネントにも同じように配置します。［Design］ページに配置されているインスタンスは直接編集できないので注意してください。

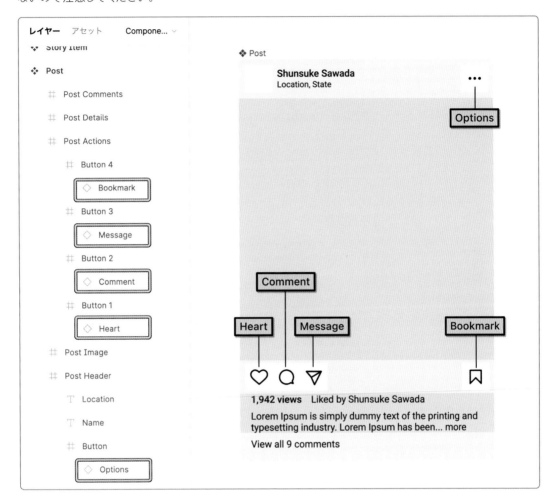

［Design］ページに戻ると、両方の〔Post〕インスタンスにアイコンが表示されているはずです。これでホーム画面のワイヤーフレームが完成しました。

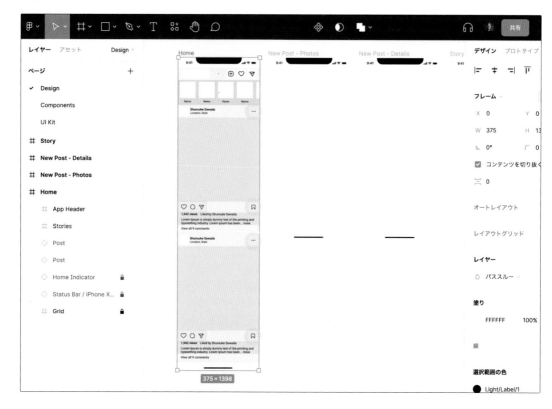

アイコンライブラリ

実際のプロジェクトではアイコンライブラリの活用も考えましょう。たとえばGoogleが公開している『Material Design Icons』は、2000以上の高品質なアイコンを無料で提供しています。このようなライブラリは実装との相性もよく、アプリの開発工数を削減できる可能性があります。

Material Design Icons

🔗 https://www.figma.com/community/file/1014241558898418245

memo

利用する際は、右上の［コピーを取得する］ボタンをクリックして自分の下書きに複製します。

SAMPLE FILE
Chapter 3-04

05 写真の選択画面

写真の選択画面は上から順にヘッダー、選択中の写真、ライブラリのヘッダー、写真一覧が並びます。ホーム画面と同様に、ワイヤーフレームを作成していきましょう。

各画面の間隔を広げると、作業が他の画面に干渉するのを防げます。すべての画面を選択した状態で、右パネルの間隔調整に[400]と入力してください。写真の選択画面に使用するのは左から2番目の〔New Post - Photos〕です。

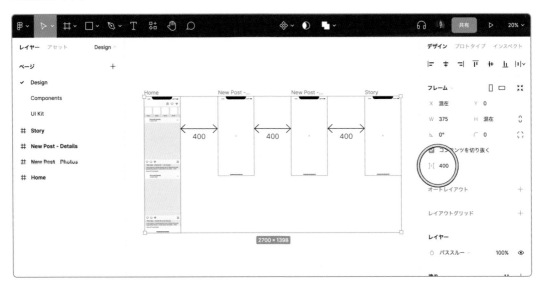

1

2

3

4

5

6

7

159

⬤ Page Header

Safe Areaの最上部にフレームを作成し、名前を「Page Header」に変更します。

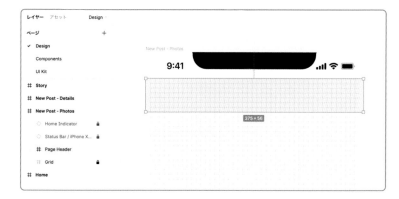

レイヤーを折りたたむ

左パネルが混雑するとレイヤー構造を確認しづらくなります。そんなときは[レイヤーの折りたたみ]を実行しましょう。

SHORTCUT

レイヤーの折りたたみ

Mac	option L
Win	alt L

スペック

⌗ Page Header

- X: 0, Y: 44
- W: 375, H: 56
- 塗り: #EEEEEE

〔Page Header〕の中に〔Button 1〕と〔Label〕を作成します。〔Label〕のテキストには「Next」と入力してください。

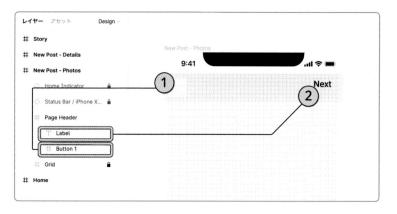

スペック

① ⌗ Button 1

- X: 8, Y: 8
- W: 40, H: 40
- 塗り: #FFFFFF

② Ｔ Label

- X: 313, Y: 8
- 塗り: #000000
- テキスト:
  - フォント: Roboto Medium
  - フォントサイズ: 18
  - 行間: 24
  - サイズ変更: 幅の自動調整

〔Button 1〕にアイコンを追加します。［リソースパネルを表示］から〔Back〕
インスタンスを配置してください。

SHORTCUT

リソースパネルを表示

Mac	shift I
Win	shift I

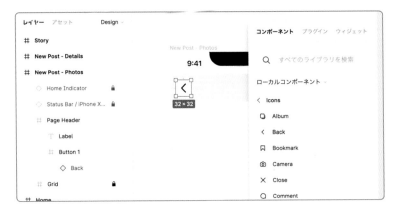

スペック

◇ **Back**

• X: 4, Y: 4
• W: 32, H: 32
• 制約：
 – 中央
 – 中央

〔Label〕を選択して［選択範囲のフレーム化］を実行します。新しく作成さ
れたフレームの名前を「Button 2」に変更①、塗りは［#FFFFFF］に設定し
ます。〔Button 2〕にオートレイアウトを適用してパディングを［8］に設定し
ましょう②。

SHORTCUT

選択範囲のフレーム化

Mac	⌘ option G
Win	ctrl alt G

〔Label〕の［行間：24］と〔Button 2〕の上下の［パディング：8］を足し合わ
せることで［H: 40］のボタンを作成しています。

目的の高さから逆算してプロパティの値を割り出すアプローチです。

スペック

⊞ **Button 2**

• X: 313, Y: 8
• 塗り：#FFFFFF
• オートレイアウト：
 – パディング：8

161

〔Page Header〕の中央にテキストオブジェクトを追加し、名前を「Title」に変更します。〔Title〕は文字数に応じて幅が変わるため水平方向のグリッドは無視します。

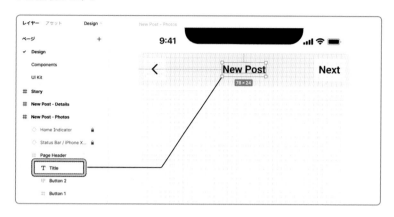

スペック

T Title

- X: 149, Y: 16
- テキスト:
  - フォント:
    Roboto Medium
  - フォントサイズ: 18
  - 行間: 24
  - サイズ変更: 幅の自動調整
  - テキスト中央揃え

オブジェクトを中心に移動するには、右パネル上部の整列機能が便利です。

● Photo

写真を表示するためのフレームを追加します。作成したフレームの名前を「Photo」に変更してください。

スペック

Photo

- X: 0, Y: 100
- W: 375, H: 376
- 塗り: #DDDDDD

⦿ Library Header

写真ライブラリの上に表示されるヘッダーです。フレームを追加し、名前を「Library Header」に変更してください。

スペック

Library Header

- X: 0, Y: 476
- W: 375, H: 56
- 塗り: #EEEEEE

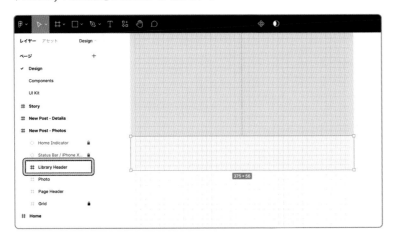

〔Library Header〕の中には、フレームを2つ、テキストを1つ追加します。

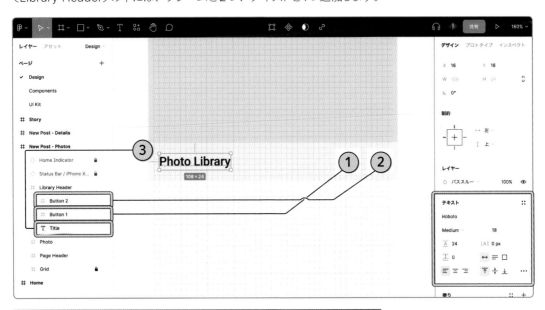

スペック

① # Button 1

- X: 280, Y: 8
- W: 40, H: 40
- 塗り: #FFFFFF

② # Button 2

- X: 328, Y: 8
- W: 40, H: 40
- 塗り: #FFFFFF

③ T Title

- X: 16, Y: 16
- 塗り: #000000
- テキスト:
  – フォント: Roboto Medium
  – フォントサイズ: 18
  – 行間: 24
  – サイズ変更: 幅の自動調整

⬤ Library

写真の一覧を表示するライブラリです。フレームを追加し、名前を「Library」に変更してください。塗りは削除します。

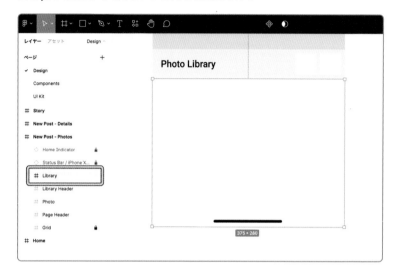

スペック

⊞ Library

- X: 0, Y: 532
- W: 375, H: 280
- 塗り: なし

〔Library〕の中に「Image」という名前で長方形を追加します。

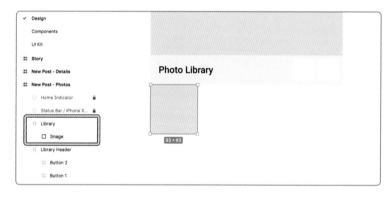

スペック

▢ Image

- X: 0, Y: 0
- W: 93, H: 93
- 塗り: #DDDDDD

〔Image〕をコンポーネントに変換してください。作成されたコンポーネントの名前を「Library Photo」に変更します。

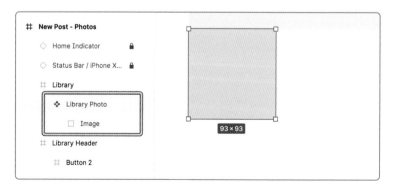

SHORTCUT

コンポーネントの作成

| Mac | ⌘ option K |
| Win | ctrl alt K |

memo

フレーム以外のオブジェクトをコンポーネント化すると、フレームが自動的に作成されて入れ子構造になります。

〔Library Photo〕コンポーネントを複製して、インスタンスを作成してください。

SHORTCUT

複製

| Mac | ⌘ D |
| Win | ctrl D |

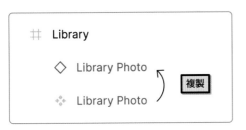

コンポーネントはレイアウトに使用しないため、管理用ページに移動しておきます。〔Library Photo〕コンポーネントを右クリックして、［ページに移動］＞［Components］を実行してください。

〔Library Photo〕インスタンスを3つ複製して横に並べます。

それぞれの間隔を[1]にすることで (93×4)＋(1×3)＝375となり、画面にぴったりと収まります。

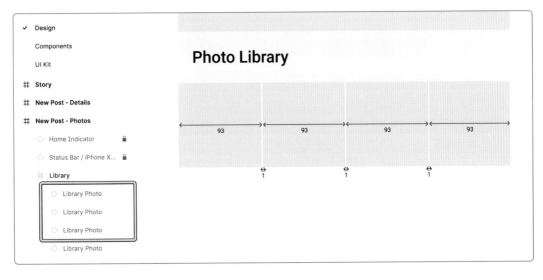

〔Library Photo〕をすべて選択した状態で［選択範囲のフレーム化］を実行してください。新しく親のフレームが作成され、入れ子構造となります。作成されたフレームの名前を「Row」に変更しておきます。

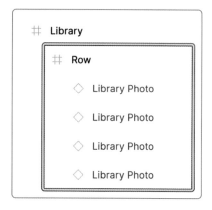

〔Row〕を複製して①と②を作成し、それぞれの間隔を[1]とします。

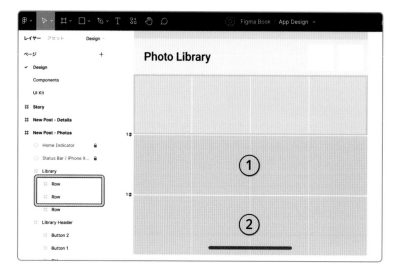

最下部の〔Row〕が〔Library〕から1ptはみ出しますが、このままで大丈夫です。プロトタイプを作成する際に〔Library〕の中身をスクロールできるよう設定します。

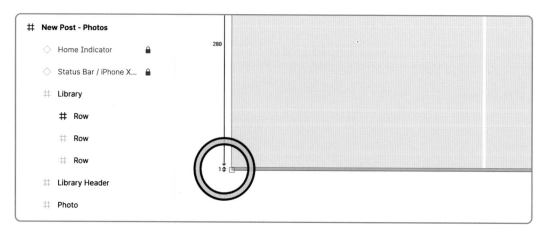

最後にアイコンを配置して完成です。

[リソースパネルを表示]を実行して、〔Library Header〕の〔Button 1〕に〔Album〕インスタンス、〔Button 2〕に〔Camera〕インスタンスを配置してください。

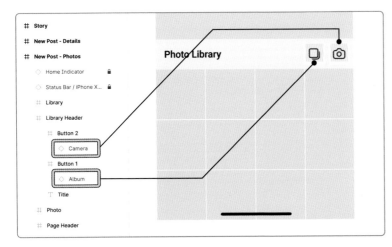

スペック

◇ **Album**
- X: 4, Y: 4
- W: 32, H: 32
- 制約：
  – 中央
  – 中央

◇ **Camera**
- X: 4, Y: 4
- W: 32, H: 32
- 制約：
  – 中央
  – 中央

SHORTCUT

リソースパネルを表示

Mac	shift	I
Win	shift	I

SAMPLE FILE
Chapter 3-05

06

そのほかのワイヤーフレーム

次の2つの画面についてはワイヤーフレームの解説を省略します。ワイヤーフレームの完成形は、サンプルファイル「Chapter 3-06」で確認してください。

● 詳細の入力画面

New Post - Details

- 投稿の詳細情報を入力する画面です。写真の選択画面で[Next]ボタンをタップした後に表示されます。
- ①は各メニューのための汎用的なコンポーネントです。〔List Menu〕として追加しました。
- ②には撮影地を表示します。小さなUI要素ですが、繰り返し使用するためコンポーネント化しています。〔Location Name〕と名付けました。

List Menu

右パネルの⬖をクリックすると①、[Components]ページで該当のコンポーネントが表示されます。

〔List Menu〕コンポーネントはバリアントを使用しています。[Action]という独自のプロパティを定義し、選択肢に[Next]と[Switch]を設定しました②。[Action: Switch]に対応するバリアントにはUI Kitのスイッチを配置しています③。

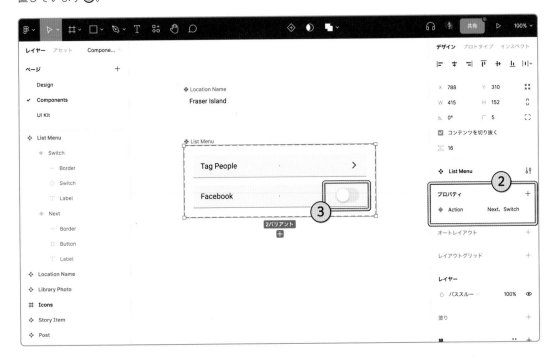

● ストーリー画面

Story

- ストーリーは24時間で消える簡易投稿です。〔Home〕の〔Story Item〕をタップすると表示されます。
- 中央に写真が大きく配置され、画面下部にはメッセージの送信フォームがあります。

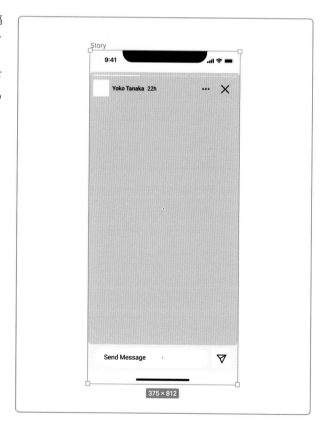

SAMPLE FILE

Chapter 3 - 06

Chapter 4

プロトタイプを作成する

ユーザーやクライアントからフィードバックを得るにはプロトタイプが不可欠です。ワイヤーフレームの段階でプロトタイプを作成しておくと、デザインや実装の手戻りを最小限に抑えられます。

01

プロトタイプの基本

● プロトタイプの設定

まずは設定を確認しましょう。右パネルから［プロトタイプ］タブを選択してください。

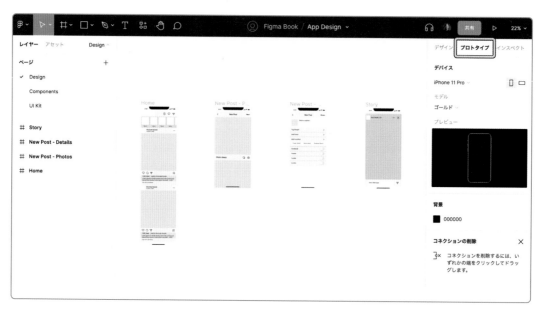

以下の2項目を確認します。

デバイス

プロトタイプを表示するデバイスを指定します。［iPhone 11 Pro］を選択してください①。［iPhone 13 mini］も同じサイズですがノッチの形状とSafe Areaが異なります。また、ウェブサイトをデザインする場合は、［MacBook］などを選択してください。

オリエンテーション

デバイスの向きです。縦レイアウトを選択しましょう②。

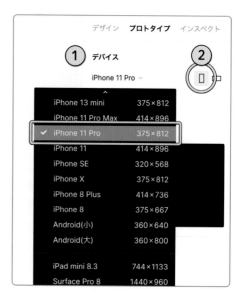

プロトタイプを開くには〔Home〕を選択し①、右上の再生ボタンをクリックしてください②。新しいタブでプロトタイプが開きます。

選択するのは〔Home〕でなくても構いません。再生ボタンをクリックする前にフレームを選択しておくと、その画面からプロトタイプを開始できます。

プロトタイプが開かない場合

ウェブブラウザ版の場合はポップアップがブロックされます。アドレスバー付近にあるアイコンをクリックしてポップアップを許可してください。

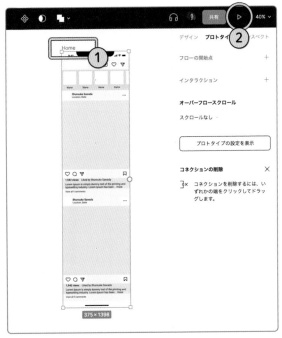

③ 作成したアプリの画面がスマートフォンの中に表示されます。

④ コメントの表示、追加ができます。

⑤ プロトタイプの共有設定を開くボタンです。

● フローと開始点

Figmaには「フロー」と「開始点」という概念があります。フローとは、画面から画面へ移動する一連の流れのことです。

本書のユーザーフローに照らし合わせると、フローは［画面1→2→3→1（青矢印）］と［画面1→4→1（緑矢印）］の流れ、開始点は「ホーム画面」です。

本書では青色の流れを「Flow 1」、緑色の流れを「Flow 2」としてプロトタイプを作成します。

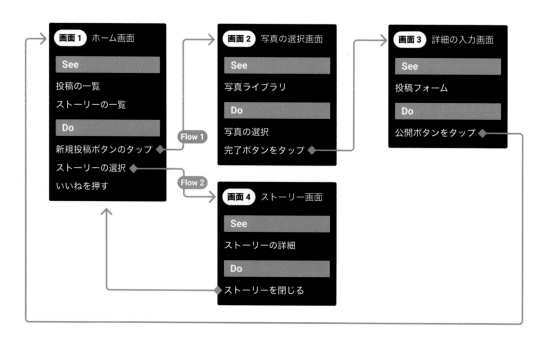

SAMPLE FILE
Chapter 4 - 01

Flow 1の作成

開始点となる〔Home〕を選択してください。右パネル［プロトタイプ］タブからフローの開始点の⊞をクリックします。

フローが作成されると開始点の左上にラベルが表示されます。ラベルの再生ボタンをクリックしてプロトタイプを開いてください。

サイドバーアイコンをクリックするとフローの一覧を確認できます。

● スクロールの適用

ホーム画面を下から上に勢いよくドラッグすると滑らかにアニメーションしますが、〔Stories〕を横方向にドラッグしてもスクロールしません。トップレベルフレーム以外をスクロールするには設定が必要です。

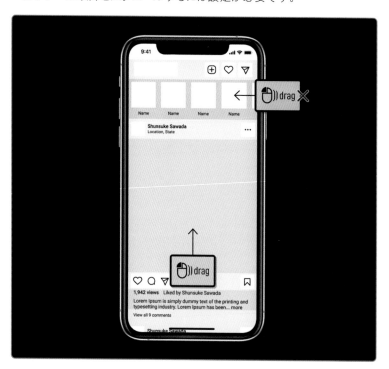

デザインファイルに戻り、〔Home〕を確認します。5番目の〔Story Item〕が〔Stories〕のサイズに収まっていません。スクロールするには、この「はみ出している」状態が必要です。

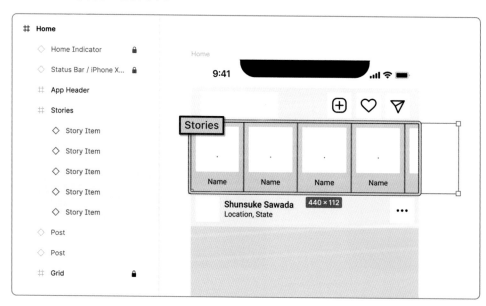

〔Stories〕を選択し①、右パネル［プロトタイプ］タブのオーバーフロース
クロールを［横スクロール］に設定します②。

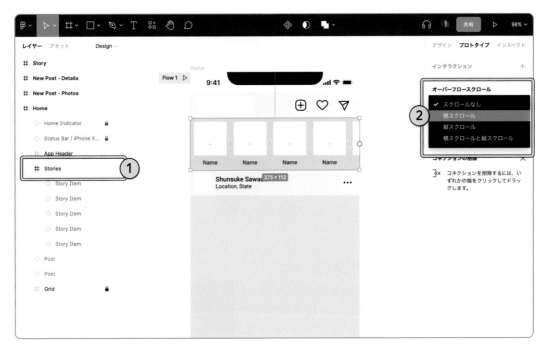

子要素が〔Stories〕からはみ出していないとオーバーフロースクロールに
❶が表示され、スクロールができません。下図は〔Stories〕を［W: 440］
に変更した例です。すべての〔Story Item〕が〔Stories〕に収まっておりス
クロールできる子要素が存在しません。

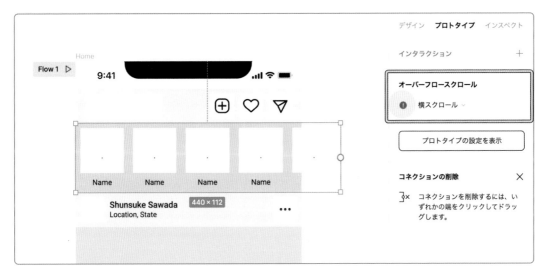

プロタイプを確認しましょう。〔Stories〕が横方向にドラッグできるはずです。

変更が反映されない場合はプロトタイプのタブを閉じ、[Flow 1]の再生ボタンをクリックして再起動してください。

◯ 位置の固定

Status BarとHome Indicator

〔Status Bar〕と〔Home Indicator〕はOSが提供するUIであり、実際のアプリでは位置が固定されています。プロトタイプでもスクロールの影響を受けないように設定しましょう。

スクロールして〔Status Bar〕が消えた様子

〔Status Bar〕と〔Home Indicator〕はレイヤーがロックされているためキャンバス上で選択できません。レイヤーパネルから選択します①。右パネルの[デザイン]タブを選択し②、[スクロール時に位置を固定]にチェックを入れてください③。

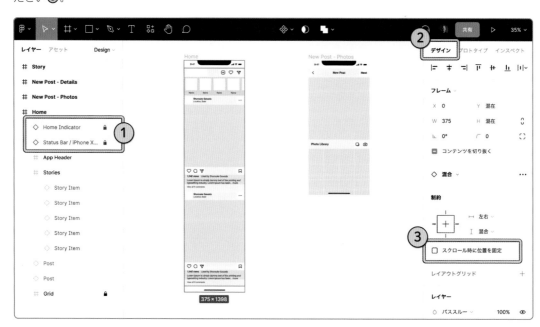

レイヤーパネルに［固定］セクションが作成されます。この中に入っている
レイヤーはスクロールの影響を受けません。

プロトタイプを確認しましょう。画面をスクロールしても〔Status Bar〕と
〔Home Indicator〕は同じ位置を維持しているはずです。

アプリのコンテンツと〔Status Bar〕が重なるのを防ぐため、〔Status Bar〕
を［塗り:#FFFFFF］に設定します①。塗りが無効化されている場合は目玉
のアイコン ◉ をクリックして有効化してください②。〔Home Indicator〕
の塗りは不要です。

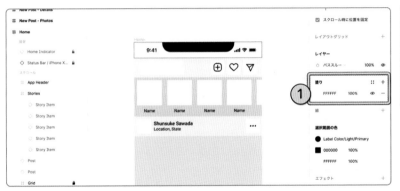

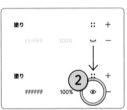

ほかの画面の〔Status Bar〕と〔Home Indicator〕も[スクロール時に位置を固定]のチェックを入れ、〔Status Bar〕は[塗り:#FFFFFF]に設定します。

App HeaderとPage Header

〔App Header〕と〔Page Header〕はナビゲーションとして常に表示しておきたいUIです。スクロール時に隠れてしまわないよう、位置を固定しておきましょう。

以下の3つのレイヤーを選択して[スクロール時に位置を固定]のチェックを入れてください。

- 〔Home > App Header〕
- 〔New Post - Photos > Page Header〕
- 〔New Post - Details > Page Header〕

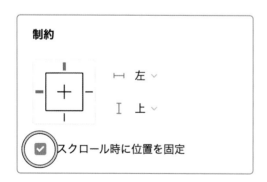

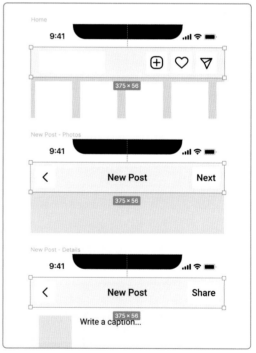

スクロールしない画面

〔New Post - Photos〕と〔New Post - Details〕は中身の要素が画面に収まっており、スクロールが発生しません。[スクロール時に位置を固定]のチェックを入れてもプロトタイプの動作に変化はありませんが、念の為に設定しています。

SAMPLE FILE
Chapter 4 - 02

インタラクションの追加

タップやスワイプなどのユーザー行動に反応することを「インタラクション」と呼びます。インタラクションを追加して、画面から画面に移動するプロトタイプを作成しましょう。

● ホーム画面→写真の選択画面

レイヤーパネルで〔Home > App Header > Button 1〕を選択します①。右パネルから［プロトタイプ］タブを選択し②、〔Button 1〕の右辺に表示される ○ をドラッグして "線" を引っ張り出します③。この線のことを通称 "ヌードル" と呼びます。

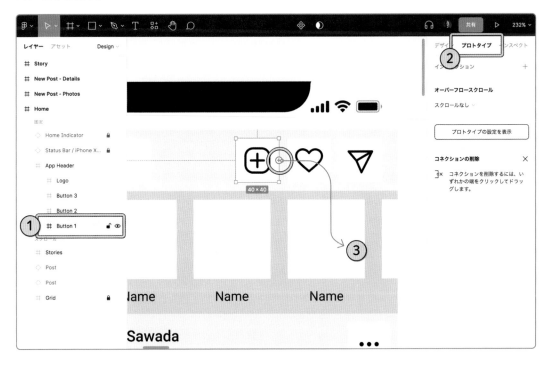

ヌードルをドラッグして〔New Post - Photos〕に重ね、画面がハイライトされたらマウスから手を離します。〔Button 1〕と〔New Post - Photos〕がヌードルでつながっていればインタラクションを追加できています。

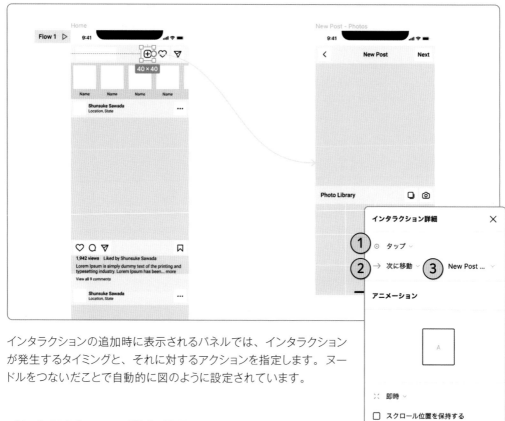

インタラクションの追加時に表示されるパネルでは、インタラクションが発生するタイミングと、それに対するアクションを指定します。ヌードルをつないだことで自動的に図のように設定されています。

インタラクションの設定項目

①トリガー

インタラクションが発生するタイミング（トリガー）を選択します。

- **タップ**：タップしたとき
- **ドラッグ**：ドラッグやスワイプしたとき
- **マウスオーバー**：マウスオーバーしている間
- **押下中**：押している間
- **キー/ゲームパッド**：キーを押下したとき
- **マウスエンター**：マウスが乗ったとき（ウェブ）
- **マウスリーブ**：マウスが離れたとき（ウェブ）
- **タッチダウン**：指がふれたとき
- **タッチアップ**：指が離れたとき
- **アフターディレイ**：一定時間が経過したとき

②アクション

トリガーに対して何をするかを選択します。

- **次に移動**：画面を移動する
- **オーバーレイを開く**：画面を重ねる
- **オーバーレイの入れ替え**：画面を差し替える
- **オーバーレイを閉じる**：重なった画面を閉じる
- **戻る**：前の画面に戻る
- **次にスクロール**：指定したオブジェクトまでスクロールする
- **リンクを開く**：指定したURLをブラウザで開く

③移動先

移動先の画面です。ヌードルをつなぐと自動で設定されます。

逆方向のインタラクションを追加しましょう。〔New Post - Photos > Page Header > Button 1〕を選択します①。

ヌードルをドラッグして〔Button 1〕を〔Home〕につないでください②。

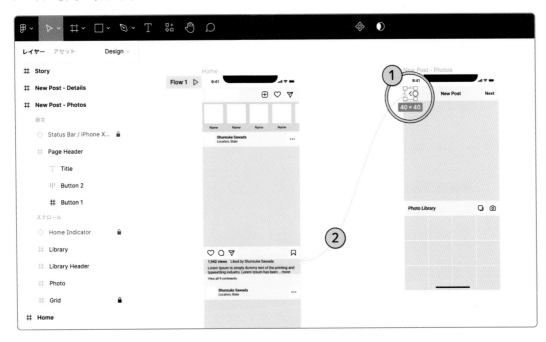

Flow 1のプロトタイプを確認してください。ヘッダーのボタンをクリックして〔Home〕と〔New Post - Photos〕を行き来できるはずです。

● 写真の選択画面→詳細の入力画面

以下2つの画面にインタラクションを追加して、画面を行き来できるように
してください。

New Post - Posts

ボタンをタップすると詳細の入力画面に進むインタラクションを追加します①。

〔Page Header > Button 2〕→〔New Post - Details〕

New Post - Details

ボタンをタップすると写真の選択画面に戻るインタラクションを追加します②。

〔Page Header > Button 1〕→〔New Post - Photos〕

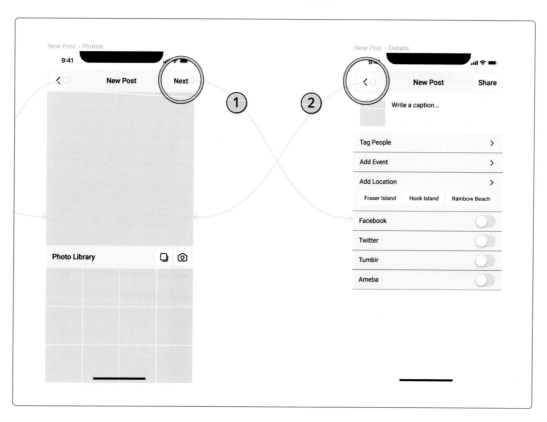

◉ 詳細の入力画面→ホーム画面

最終的にホーム画面へ戻るためのインタラクションを追加します。〔New Post - Details > Page Header > Button 1〕からヌードルをドラッグして〔Home〕につないでください。

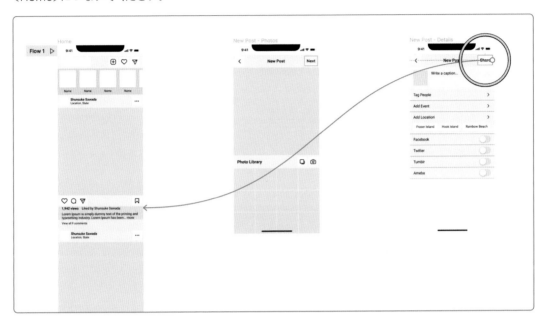

キャンバスの余白をクリックすると全体のつながりが表示されます。3つの画面がつながっており〔Story〕にはヌードルが1本もつながっていません。Flow 1の再生ボタンをクリックしてプロトタイプを開き、「ホーム画面→写真の選択画面→詳細の入力画面→ホーム画面」の順に移動できることを確認してください。

SAMPLE FILE
Chapter 4 - 03

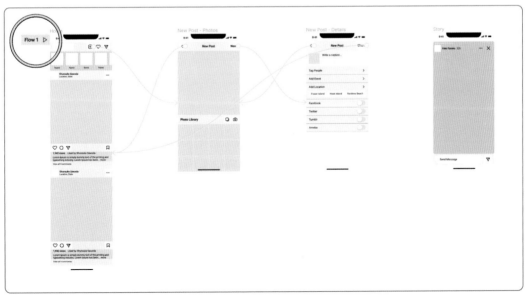

アニメーションの設定

インタラクションにアニメーションを加え、画面の移動を視覚的に伝えましょう。アニメーションはインタラクションの詳細パネルで設定します。

● ホーム画面→写真の選択画面

〔Home〕と〔New Post - Photos〕をつないでいるヌードルをクリックし、インタラクション詳細パネルを開きます①。アニメーションを[即時]から[スライドイン]に変更してください②。

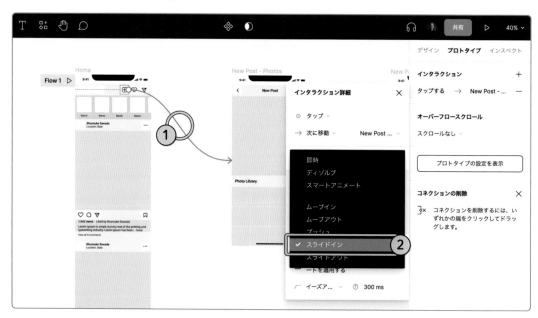

ヌードルが表示されない場合

右パネルの[プロトタイプ]タブが選択されているか確認してください。[デザイン]タブでは表示されません。

アニメーションの設定項目

①トランジション

アニメーションの種類を指定します。

- **即時**：アニメーションなしで画面を切り替えます。
- **ディゾルブ**：画面がフェードインで表示されます。
- **スマートアニメート**：前後の画面が比較され自動でアニメーションします。
- **ムーブイン/ムーブアウト**：行き先の画面が重なります。
- **プッシュ**：行き先の画面に押し出されます。
- **スライドイン/スライドアウト**：前後の画面が動きます。

②方向

画面が動く方向を指定します。

③イージング

アニメーションの進み方を指定します。

- **リニア**：一定の間隔で進みます。
- **イーズイン**：ゆっくり始まり、最後に速くなります。
- **イーズアウト**：動き出しは速く、ゆっくり終わります。
- **イーズイン/イーズアウト**：最初と最後はゆっくり動き、中盤に加速します。
- **イーズインバック**：最初に逆方向に動く"ため"が入ります。
- **イーズアウトバック**：最後に行き過ぎてバウンドします。
- **イーズイン/イーズアウトバック**：最初に"ため"が入り、バウンドして終わります。
- **カスタムベジエ**：イージングカーブを手動で調整します。
- **なめらか、速い、バウンス、遅い、カスタムスプリング**：バネのようなアニメーションが適用されます。

④所要時間

アニメーションの所要時間をミリ秒で指定します。

⑤マッチングレイヤーにスマートアニメートを適用する

[ムーブイン/ムーブアウト]、[プッシュ]、[スライドイン/スライドアウト]に[スマートアニメート]を追加するためのオプションです。

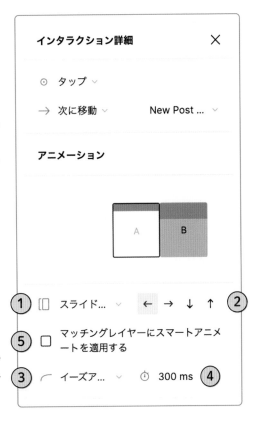

プロタイプを確認しましょう。ホームに重なるようにして次の画面がスライドします。

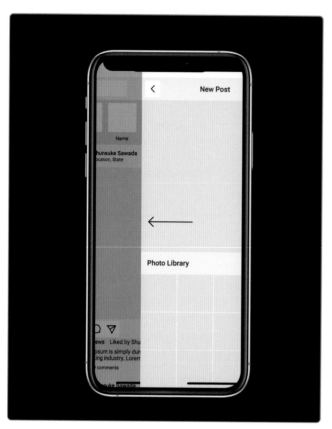

アニメーションから除外する

画面がスライドしながら移動するスライドインですが、〔Status Bar〕と〔Home Indicator〕にもアニメーションが適用されています。細かい部分ですが、実際のアプリでは発生しない現象なので修正しておきましょう。

〔New Post - Photos〕に移動するインタラクション詳細パネルで［マッチングレイヤーにスマートアニメートを適用する］にチェックを入れます。

このチェックボックスは**同じ名前のレイヤーがある場合に自動でアニメーションする機能**ですが、逆にこれを利用し同じ位置にある同じ名前のレイヤーを固定します。

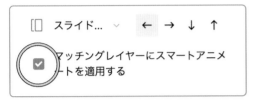

ただし、この機能を使うと、**行き先に指定されているフレームの塗りが無視されます**。結果として〔New Post - Photos〕がスライドする際に、隙間から後ろの〔Home〕が見えてしまいます。

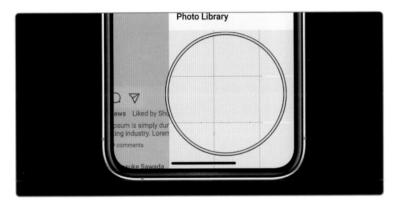

この問題を回避するために〔New Post - Photos〕に背景用の長方形を追加します。

スペック

☐ Background

- X: 0, Y: 0
- W: 375, H: 812
- 塗り：#FFFFFF
- 制約：
  - 左右
  - 上下

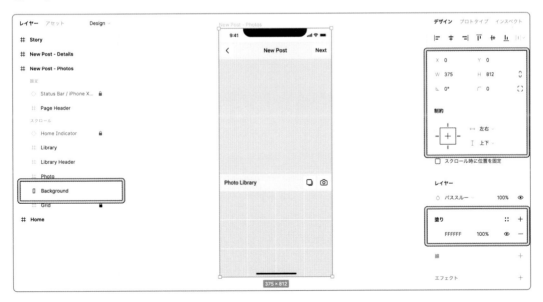

プロトタイプを確認してください。〔Status Bar〕と〔Home Indicator〕がアニメーションから除外され、画面の上下に固定されます。また、アニメーションの最中に〔Home〕が隙間から見えてしまう問題も解消されました。

マッチングレイヤーにスマートアニメートを適用する:なし

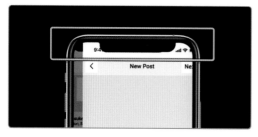

マッチングレイヤーにスマートアニメートを適用する:あり

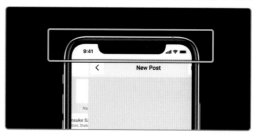

〔Background〕なし

〔Background〕あり

アニメーションの確認方法

所要時間の値を大きくすると動きが緩やかになり、アニメーションを確認しやすくなります（確認したら元の値に戻すのを忘れないでください）。

前の画面に戻る

〔New Post − Photos〕から〔Home〕に戻るインタラクションにもアニメーションが必要です。逆方向にスライドするアニメーションを個別に設定してもよいのですが、より便利な［戻る］というActionがあります。

〔New Post − Photos〕→〔Home〕のヌードルをクリックしてインタラクション詳細パネルを開いてください。Actionの［次に移動］を［戻る］に変更しましょう。

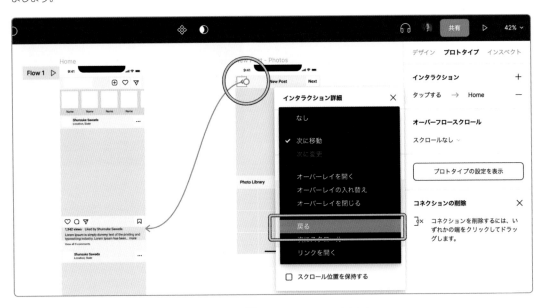

［戻る］を設定するとヌードルの向きが変わり、 ←] アイコンにつながります。

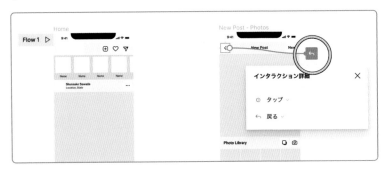

［Action: 戻る］は直前の画面に戻るインタラクションで
あり、表示される時と逆のアニメーションが適用されま
す。プロトタイプで〔Home〕と〔New Post - Photos〕
を行き来するアニメーションを確認してください。

● 写真の選択画面→詳細の入力画面

そのほかのインタラクションにもアニメーションを設定しましょう。〔New
Post - Photos〕→〔New Post - Details〕のヌードルをクリックしてインタ
ラクション詳細パネルを開きます。トランジションをスライドインに変更し、
［マッチングレイヤーにスマートアニメートを適用する］にチェックを入れて
ください。

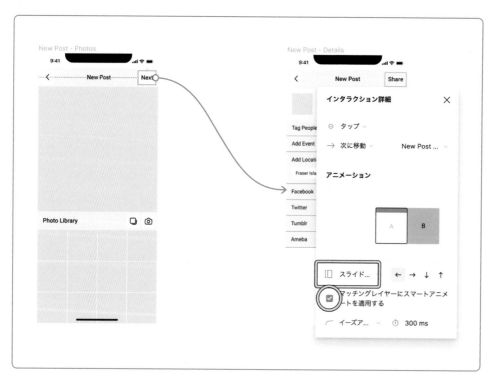

［マッチングレイヤーにスマートアニメーションを適用する］が有効になると、行き先のフレームの塗りが無視されます。アニメーションの際に背景が透けないよう〔New Post - Details〕に長方形を追加してください①。長方形のレイヤー名が前の画面と同じ場合、スマートアニメーションが適用されてしまいます。**レイヤー名を「Background 2」に変更してスマートアニメーションの適用外としましょう。**

スペック

□ **Background 2**
- X: 0, Y: 0
- W: 375, H: 812
- 塗り: #FFFFFF
- 制約:
  - 左右
  - 上下

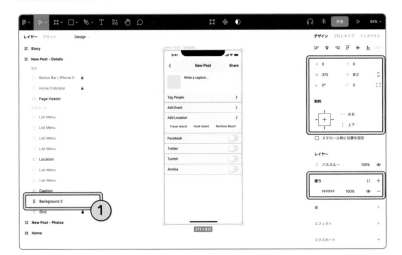

〔New Post - Details〕から〔New Post - Photos〕に戻る際のインタラクションを変更します。インタラクション詳細パネルを開き、Actionを［戻る］に設定してください②。

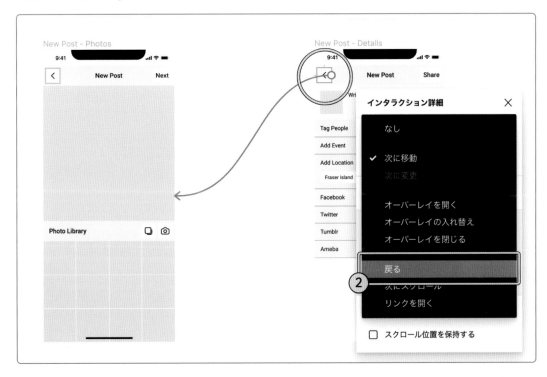

193

プロトタイプで〔New Post - Photos〕と〔New Post - Details〕を行き来するアニメーションを確認してください。〔Page Header〕は前後の画面でレイヤー名が同じため、スマートアニメートの影響を受けて上部に固定されます。

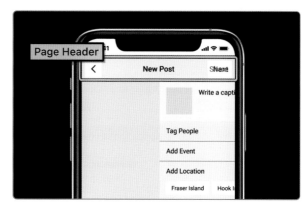

レイヤー名に注意

スマートアニメートで意図しないアニメーションが発生する場合、インタラクション前後の画面で同じレイヤー名が使用されていないか確認してください。

● 詳細の入力画面→ホーム画面

〔Home〕に戻るインタラクションにアニメーションを追加すればFlow 1の完成です。〔New Post - Details〕→〔Home〕のヌードルを選択してインタラクション詳細パネルを開きます①。トランジションをスライドインに変更し②、［マッチングレイヤーにスマートアニメートを適用する］にチェックを入れてください③。

SAMPLE FILE
Chapter 4 - 04

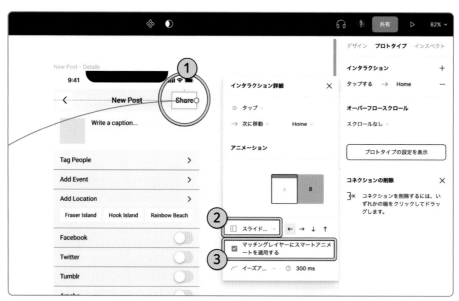

インタラクティブコンポーネント

〔New Post - Details〕の〔Switch〕は外部 UI Kitを利用しています。このコンポーネントは「インタラクティブコンポーネント」と呼ばれ、クリックするとコンポーネントの状態が変化します。詳しくは「Chapter 6-06 インタラクティブコンポーネント」を参照してください

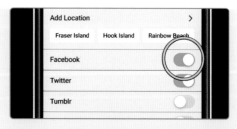

05 Flow 2の作成

友達のストーリーを閲覧するFlowを作りましょう。

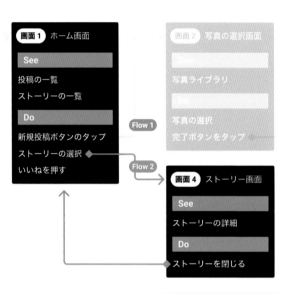

◯ 開始点の追加

新しい開始点を作成する前に〔Home〕の中身をコンポーネント化します。〔App Header〕と〔Stories〕をコンポーネントに変換し、［Components］ページに格納してください。〔Home〕には両者のインスタンスを配置します。

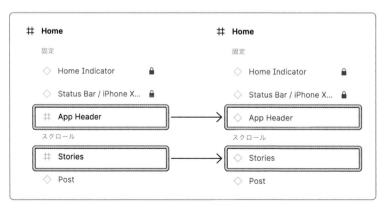

ページに移動

コンポーネントを移動するには、コンポーネントを右クリックして[ページ
に移動]>[Components]を選択します。

ページに移動	▶	Components
最前面へ移動	]	UI Kit
最背面へ移動	[	

〔Story〕を[X: 3100, Y: 0]に移動し①、〔Home〕を複製して[X: 2325,
Y: 0]に配置してください②。

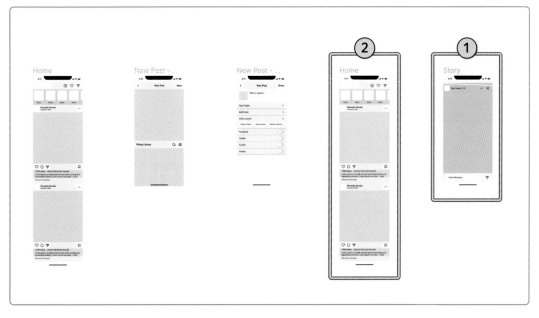

右パネルから[プロトタイプ]タブを選択します。複製した〔Home〕から
〔New Post - Photos〕につながっているヌードルはドラッグして削除して
おきましょう。

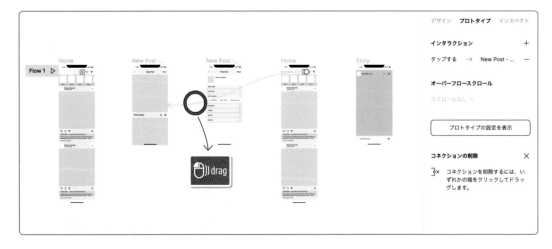

複製した〔Home〕を選択して、フローの開始点の ⊞ をクリックしてください。Flow 2が作成されてラベルが表示されます。

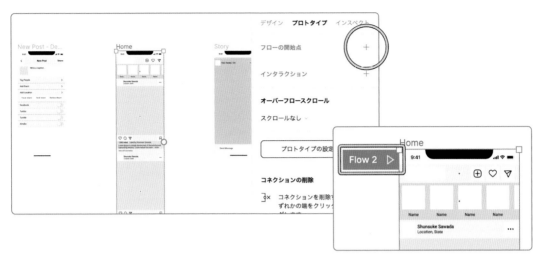

● インタラクションの設定

Flow 2の〔Home〕から〔Story〕に移動できるよう設定します。左から2番目の〔Story Item〕から〔Story〕にヌードルをつなぎます①。インタラクション詳細パネルでトランジションを[ディゾルブ]に変更してください②。

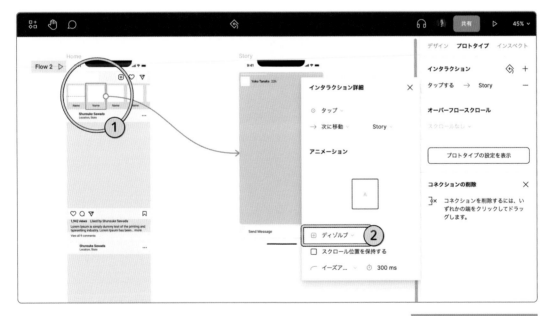

ディゾルブ

[ディゾルブ]は画面全体を
フェードインで表示します。
方向プロパティはありません。

〔Home〕に戻るインタラクションを追加します。〔Story〕の〔Story Item > Story Header > Button 2〕から ← アイコンにヌードルをつないでください。 Actionに[戻る]が設定されます。

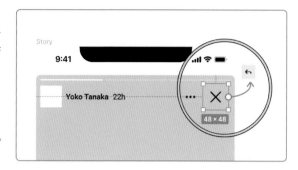

Flow 2の再生ボタンをクリックしてプロトタイプを確認しましょう。

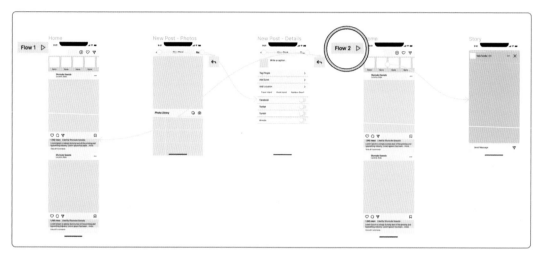

サイドバーに表示されるFlowの一覧から[Flow 2]が選択されています①。
2つの画面を行き来できることを確認してください②。

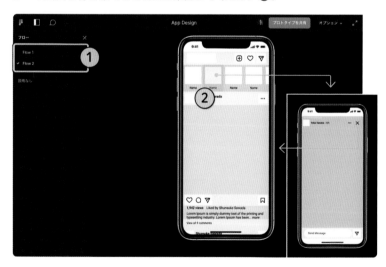

Flow 1とFlow 2のインタラクションは同じFlowに入れられますが、プロトタイプが複雑化するとメンテナンスが難しくなります。 なるべく機能ごとに分割しておきましょう。

SAMPLE FILE
Chapter 4 - 05

Chapter 4

プロトタイプを作成する

06

スマートフォンで確認する

プロトタイプはスマートフォンでも表示できます。要素の位置や大きさが適切かどうか、画面の移動に違和感はないかなど、実際にさわって確かめてみましょう。

以下のURLからFigmaのモバイルアプリをダウンロードしてください。

iPhone（iOS 14以上）	https://apps.apple.com/app/figma-mirror/id1152747299
Android（Android 8以上）	https://play.google.com/store/apps/details?id=com.figma.mirror

アプリを起動するとログインを求められます。作成済みのアカウントでログインしてください。

● プロトタイプ

[最近使用]タブの画面上部には最近開いたプロトタイプが並びます①。App Designをタップしてプロトタイプを開いてください②。

プロトタイプを開くと、画面全体がワイヤーフレームに切り替わります。設定したインタラクションが動作するか確認してください。

2本の指で画面を長押しするとメニューが表示されます③。

④　Flowを切り替えられます。
⑤　プロトタイプを再起動します。
⑥　プロトタイプの画面をタップすると、インタラクションを設定している要素がハイライトされます。ハイライトの有無を切り替えるにはこのメニューをタップします。
⑦　プロトタイプを終了します。

199

● デザインファイル

デザインファイルを確認したい場合は [検索] タブを使います①。チーム>プロジェクト>ファイルの順にタップしてファイルを開いてください。キーワード検索も可能です。

ファイルを開くとキャンバスが表示されます。ダブルタップやピンチアウトで拡大率を調整できます。

ページアイコンをタップすると [Components] や [UI Kit] ページに切り替えられます②。再生ボタンをタップするとプロトタイプに切り替わります③。

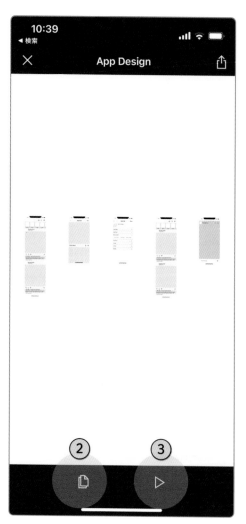

ミラーリング

[ミラーリング]タブでは作成中の画面をスマートフォンに投影する"ミラーリング"が可能です①。変更はリアルタイムに反映されます。ミラーリングを開始するには、デザインファイルで任意のトップレベルフレームを選択してください。

②には選択しているフレームの名前が表示されます。③のボタンをタップしてミラーリングを開始します。

ミラーリング中もインタラクションが有効です。プロトタイプと同じく、2本の指で長押しするとメニューが表示されますが、選択できる項目は限られます④。

Figma、Adobe XD、Sketch

Adobe XDとSketchは、Figmaと比較される代表的なツールです。どちらもUIデザインに特化したアプリケーションであり、実際のプロジェクトで採用するのに十分な機能を備えています。筆者が重要だと思うデザイン以外の特徴について比較しました。

	Figma	Adobe XD	Sketch
UIデザイン	◎ 素晴らしい	◎ 素晴らしい	◎ 素晴らしい
プラットフォーム	◎ Mac／Windows／ウェブ	○ Mac／Windows	✕ Macのみ
無料期間	◎ 制限なし	△ 7日間の体験版	○ 30日間の体験版
価格（年払い）	○ 144 USドル （プロフェッショナルプラン）	◎ 99.99 USドル	◎ 99 USドル
組織とファイル構成	◎ 最大5階層	○ フォルダ管理	○ 3階層
コラボレーション	◎ 同一ファイルを参照	○ 専用ページ経由	○ 専用ページ経由

プラットフォーム

インストールせずに使用できるFigmaに優位性があります。

無料期間

Figmaの無料期間には制限がなく、初期投資を抑えられます。

価格

有料プランはXDとSketchが安く、XDに関してはCreative Cloud（約600 USドル／年）を購入していれば追加料金が発生しないのが最大の強みです。

組織とファイル構成

XDではフォルダを無限に作成可能ですが、階層ごとに権限を設定できません。組織に応じたスケーラブルな管理体制を構築できるのがFigmaの特徴です（5階層はエンタープライズプランのみ）。

コラボレーション

Figmaでは関係者全員が同じファイルを同じように参照するため、フィードバックやハンドオフなどのコラボレーションが非常に円滑です。XDとSketchは専用のウェブページ経由でやりとりするため、Figmaほどシームレスな体験を提供できません。

Chapter 5

詳細デザインを作成する

ワイヤーフレームとプロトタイプでアイデアを検証し、アプリの方向性が決まれば細部を美しく仕上げましょう。プラグインを導入して効率的な作業を目指します。

Chapter 5 詳細デザインを作成する

01 ホーム画面

開始点として〔Home〕が2つあります。配置されている要素はすべてコンポーネント化されており、コンポーネントを編集することで両方の〔Home〕にデザインが反映されます。

01 ● App Header

〔App Header〕を選択して右パネルのコンポーネントアイコンをクリックします（Flow 1、Flow 2のどちらでも構いません）。[Components]ページが開いて〔App Header〕コンポーネントが表示されます。

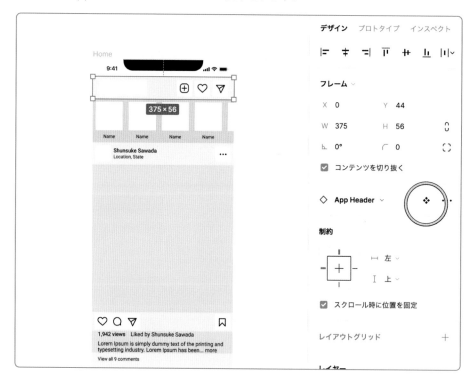

〔App Header > Logo〕にアプリのロゴを配置しましょう。

サポートサイトの「Chapter 5」から画像ファイルをダウンロードしてください。

🔗 https://figbook.jp/

画像ファイルをドラッグするか、［画像の配置］でFigmaに読み込みます。

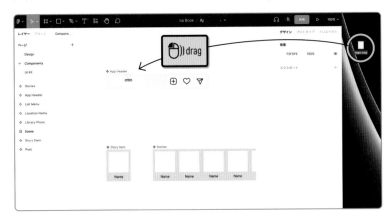

読み込んだ画像を〔App Header > Logo〕の中に配置します。

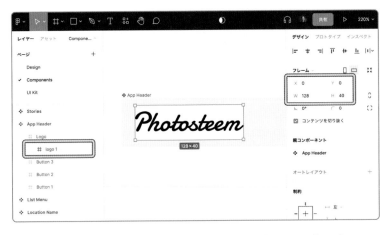

〔App Header〕の塗りを[#FFFFFF]に変更し、〔Button 1〕、〔Button 2〕、〔Button 3〕の塗りは削除してください。塗りの削除は右記のショートカットが便利です。

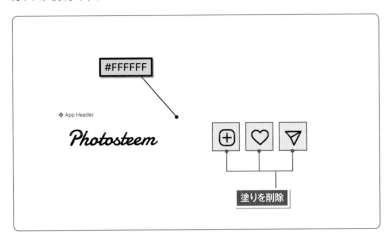

SHORTCUT

画像の配置

Mac	⌘	shift	K
Win	ctrl	shift	K

SVG画像

ロゴ画像はSVG形式です。ベクターパスで構成されておりフレームとして読み込まれます。JPEGやPNGのようにオブジェクトの塗りとして設定することはできません。

スペック

⊞ logo 1

- X: 0, Y: 0
- W: 128, H: 40

ビットマップ画像の解像度に注意

JPEGやPNGなどのビットマップ画像を読み込む場合は、デバイスのピクセル密度に適した十分な解像度があるか確認しましょう。

SHORTCUT

塗りの削除

Mac	option	/
Win	alt	/

1

2

3

4

5

6

7

⬤ Stories

〔Stories〕はそれ自体がコンポーネントですが、さらに〔Story Item〕インスタンスが入れ子になっています。子要素である〔Story Item〕のデザインを作成しましょう。

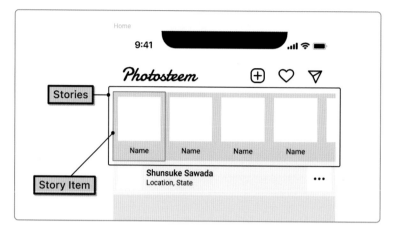

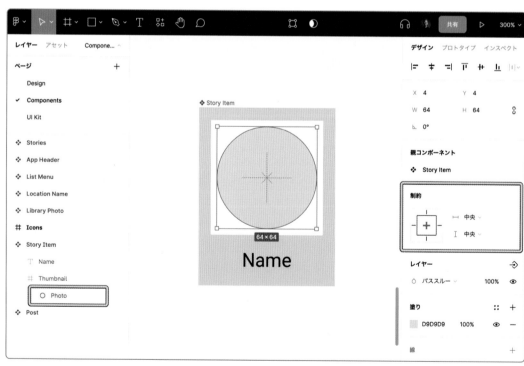

〔Story Item〕コンポーネントの中にユーザーのプロフィール写真を配置します。〔Story Item > Thumbnail〕に楕円を追加し、レイヤー名を「Photo」に変更してください。

スペック

⬤ Photo

- X: 4, Y: 4
- W: 64, H: 64
- 制約:
  - 中央
  - 中央

〔Photo〕を複製し、レイヤー名を「Ring」に変更します。スペックを参考に位置とサイズを調整してください。

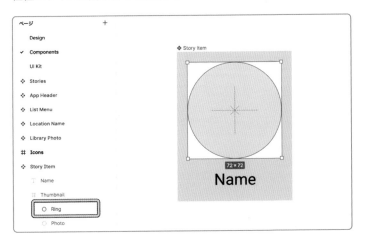

スペック

⭕ Ring

• X: 0, Y: 0
• W: 72, H: 72
• 制約:
 − 中央
 − 中央

〔Ring〕を選択してマウスオーバーすると ○ が表示されます。アイコンを上方向にドラッグして適当な位置でマウスを離してください。右パネルに円弧プロパティが表示されます。

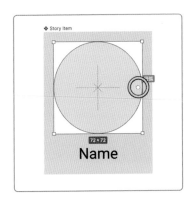
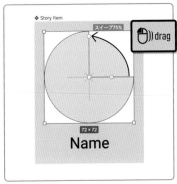

円弧プロパティを変更してリング状にします。

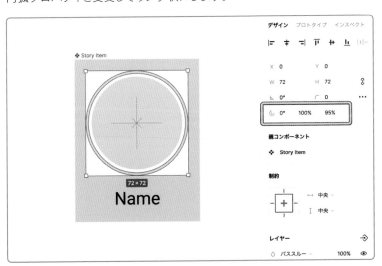

スペック

⭕ Ring

• 円弧:
 − 開始: 0°
 − スイープ: 100%
 − 比率: 95%

207

〔Ring〕の塗りにグラデーションを設定しましょう。色見本をクリックしてカラーピッカーを開きます①。塗りの種類を［単色］から［線形］に変更してグラデーションを適用します②。グラデーションの開始点を［#C73E6E, 100%］、終了点を［#EFB86C, 100%］に設定してください。

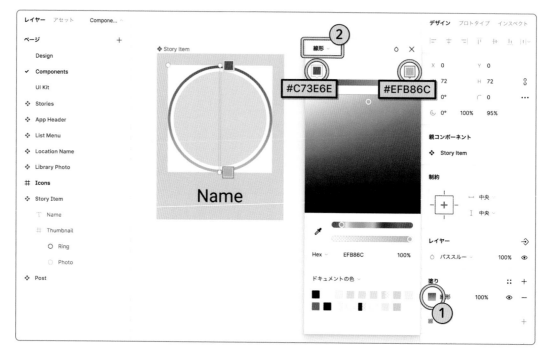

〔Photo〕に写真を配置します。塗りの種類を［画像］に変更して写真を読み込んでください。UIの文脈に合った写真を選ぶことが重要です。〔Stories〕にはユーザーの一覧が表示される想定なので、できるだけ顔が入っている写真を採用しましょう。

画像URL
🔗 https://unsplash.com/photos/6G2G6_rq-B0

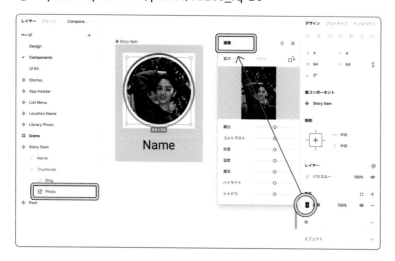

メモリの上限

画像は必要なサイズに縮小してから読み込んでください。Figmaの1つのタブに割り当てられるメモリは2GBです。画像データで圧迫しないようにしましょう。

〔Story Item〕と〔Story Item ＞ Thumbnail〕の塗りを削除します。

外枠である〔Stories〕コンポーネントも塗りを削除してください。

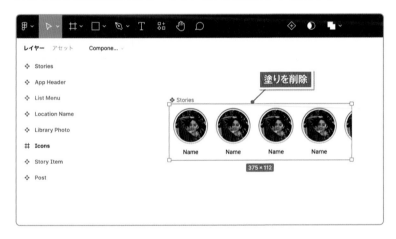

リソースの使用量

クイックアクションから［リソースの使用量］を実行するとキャンバスの左
上にファイル情報が表示されます。

右図の例では［2772］が合計レイ
ヤー数、［0.03 G］がメモリ使用量
を意味しています。

非表示にするにはファイル情報をダ
ブルクリックします。

● Post

引き続き［Components］ページで作業します。〔Post〕コンポーネントの塗りを［#FFFFFF］に変更してください。〔Post Header〕、〔Post Actions〕、〔Post Details〕、〔Post Comments〕の塗りは削除します。

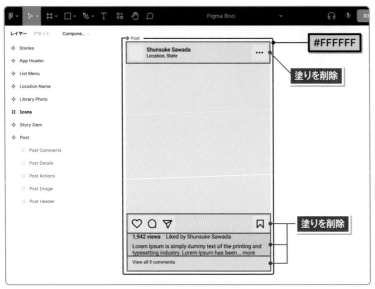

スペック

◎ Photo

- X: 0, Y: 0
- W: 40, H: 40
- 塗り: Image

Post Header

〔Post Header ＞ Thumbnail〕の中に楕円を追加して「Photo」と名前を付けます。投稿者の写真として〔Photo〕に写真を配置しましょう。

画像 URL
🔗 https://unsplash.com/photos/TMgQMXogIsM

〔Post Header > Thumbnail〕と〔Post Header > Button〕の塗りは削除します。

写真用のオブジェクト

〔Post Header > Thumbnail〕に写真を配置して［角の半径：20］に設定しても同じ見た目になります。どちらの方法でも構いませんが、写真の位置やサイズを変える可能性があるなら「写真用のオブジェクト」があると変更に強くなります。たとえば下図のように写真の周りにリングを作成する場合です。

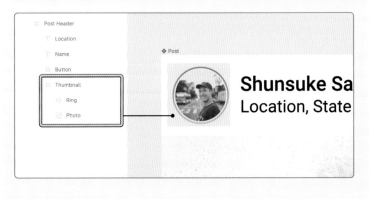

211

Post Image

〔Post Image〕の塗りには、主役となる投稿写真を配置します。

画像 URL

🔗 https://unsplash.com/photos/_CFv3bntQlQ

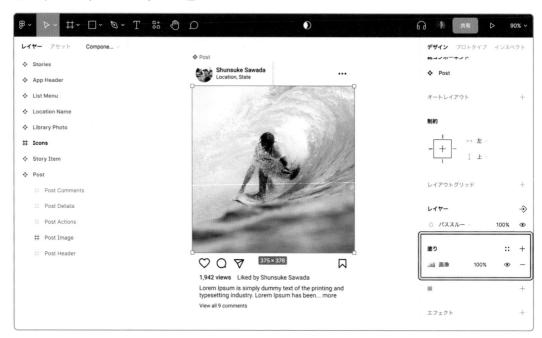

Post Actions

〔Button 1〕、〔Button 2〕、〔Button 3〕、〔Button 4〕の塗りを削除してください。

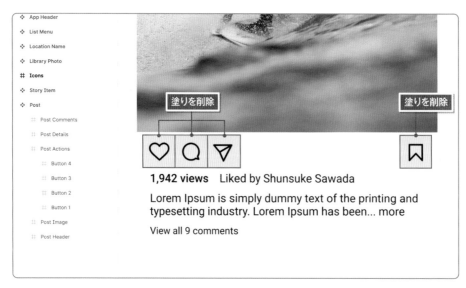

Post Details / Post Comments

〔Post Details > Description〕の「more」の部分と、〔Post Comments > Description〕の塗りを［#8E8E8E］に変更してください。

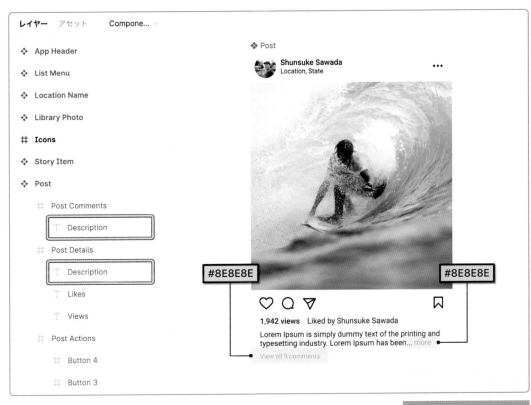

memo

テキストオブジェクトは部分的に色を変更できます。

［Design］ページに戻って全体を確認してみましょう。コンポーネントを編集したことによって、Flow 1とFlow 2の〔Home〕にデザインが反映されています。

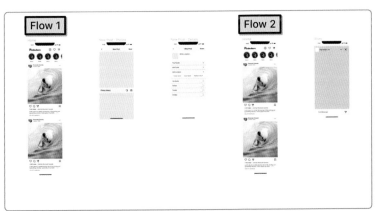

デザインを変更したらプロトタイプも確認してください。〔Stories〕や〔Story Item〕の塗りを削除した影響で、〔New Photo - Details〕→〔Home〕のアニメーション時に後ろの画面が透けて見えています。

これは Chapter 4で扱った［マッチングレイヤーにスマートアニメートを適用する］の問題と同様であり、〔Home〕に背景オブジェクトを追加することで解決します。〔New Photo - Details〕の背景オブジェクトと名前が重複しないよう注意してください。

SAMPLE FILE

Chapter 5 - 01

動画を使ったプロトタイプ

有料プランではオブジェクトの塗りに動画を配置でき、再生や停止のインタラクションも設定可能です。〔Post Image〕などに利用すると、さらに高度なプロトタイプを作成できます。

詳細は以下のURLをご確認ください。

🔗 https://help.figma.com/hc/ja/articles/ 8878274530455

プラグインの活用

配置されている写真やユーザー名を上書きしてリアリティのあるデザインを作成しましょう。『Unsplash』と『Content Reel』という代表的なプラグインを利用して効率的に作業を進めます。

● プラグインの実行

以下のURLを開いて「Unsplash」を検索します。

🔗 https://www.figma.com/community/plugins

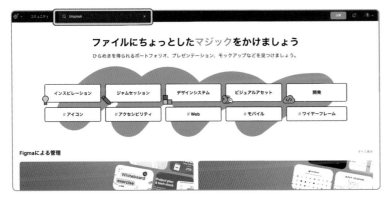

Unsplashプラグインの［試す］ボタンをクリックすると、デザインファイルが新規作成され、プラグインが実行されます。

Unsplashのプラグインページ

検索で見つけられない場合は、以下のURLから詳細ページを開いてください。

🔗 https://www.figma.com/community/plugin/738454987945972471/Unsplash

⬤ Unsplash

現在開いているファイルから直接プラグインを実行することもできます。

[Components]ページで〔Stories〕コンポーネントを選択し、[コンテンツを切り抜く]のチェックを外してフレームからはみ出している要素を表示しておいてください。

先頭の〔Story Item〕インスタンスの中にある〔Thumbnail > Photo〕を選択し①、リソースパネルを表示②、[プラグイン]タブを選択して「Unsplash」を検索、[実行]ボタンをクリックします③。

SHORTCUT

リソースパネルを表示

Mac	shift	I
Win	shift	I

〔Thumbnail〕ではなく〔Thumbnail > Photo〕を選択するよう注意してください。⌘（Mac）／ctrl（Windows）を押しながらクリックすると、深い階層にあるオブジェクトを直接選択できます。

Unsplashが表示されたら［Search］タブに切り替えて①「Face」という単語で検索します②。検索結果をクリックすると③、〔Thumbnail > Photo〕の塗りに写真が設定されます。

画面右下の［View image on Unsplash］をクリックすると元画像のウェブページが開きます（［プラグインを保存］ボタンが表示される場合は、最初に保存を行ってください）。

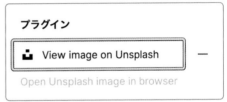

写真を一括で配置

Presetsを使うと複数のオブジェクトに対して一度に写真を配置できます。

すべての〔Story Item〕の〔Thumbnail > Photo〕を選択します①。Unsplashの［Presets］タブを選択し②［portrait］をクリックすると③、人物の写真がランダムで読み込まれます。

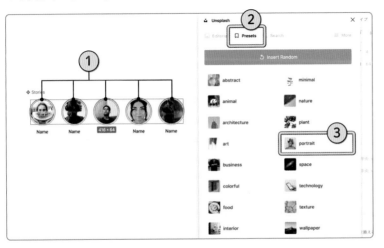

memo

⌘（Mac）／ ctrl（Win）に加えて shift を押しながらクリックすると、深い階層を複数同時に選択できます。

⬤ Content Reel

〔Story Item > Name〕にはユーザー名を表示します。プラグインを使っ
てテキストを自動で挿入しましょう。

すべての〔Story Item > Name〕を選択し①、リソースパネルを開いて［プ
ラグイン］タブから「Content Reel」を検索②、［実行］ボタンをクリックし
ます③。

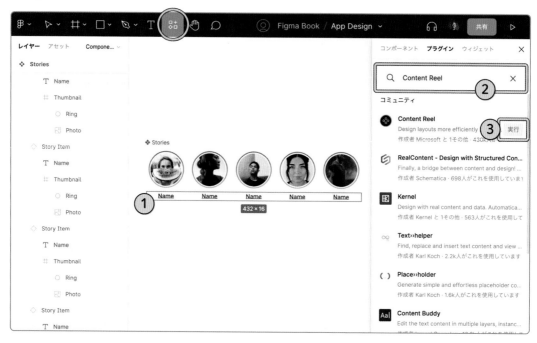

初回起動のみプラグインの説明が表示されます。［Next］ボタンをクリック
して画面を進めてください。

SHORTCUT

リソースパネルを表示

Mac	shift	I
Win	shift	I

Content Reelのプラグインページ

🔗 https://www.figma.com/community/plugin/731627216655469013/Content-Reel

テキストデータの挿入

［Text］タブを選択して「First Name」を検索し①、検索結果のいずれかをクリックします。

テキストデータの一覧が表示されます。確認して［Apply All］をクリックしてください②。

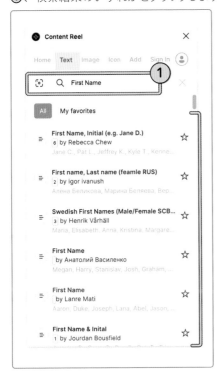

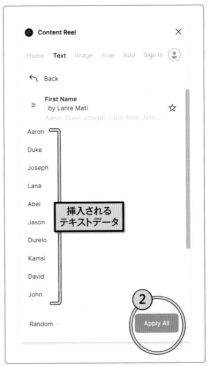

選択中の〔Story Item ＞ Name〕に名前が挿入されます。国籍や性別に合わせた名前のデータもあるので、写真と対応させて挿入するなど工夫してみてください。

ほかにも住所、電話番号、メールアドレス、画像などのダミーデータを簡単に挿入できます。［Sign In］からContent Reelにログインすると、自分のオリジナルデータを作成してコミュニティと共有できます。

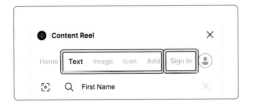

● そのほかのコンテンツ

UnsplashとContent Reelを使って写真やテキストを上書きしてください。〔Design〕ページでFlow 1の〔Home〕を編集します。

❶Content Reelを使って名前を挿入します。
❷UnsplashのPresetsを使って写真を配置します。
❸Unsplashから写真を検索して配置します。
❹名前を手動で上書きします。

データ挿入の注意点

〔Post〕コンポーネントの〔Post Details > Likes〕は"○○さんにLIKEされました"を表示するテキストオブジェクトです。このオブジェクトに対してContent Reelのデータを挿入してしまうと「Liked by」も含めて上書きされてしまいます。

この問題は、下図のようにテキストオブジェクトを分割することで解決できますが、本書では対応しません。

テキストオブジェクトを分割した例

〔Post Header > Location〕や〔Post Details > Description〕のテキストは上書きしていません。より実装に近づけたい場合は、文脈に合わせてテキストを変更してください。

貼り付けて置換

インスタンスの上書きは個別のインスタンスごとに管理されており、ほかのインスタンスには影響を及ぼしません。Flow 2の〔Home〕にも変更を反映しましょう。

Flow 1の〔Post〕をコピーします①。Flow 2の〔Post〕を右クリックして[貼り付けて置換]を選択してください②。

SHORTCUT

コピー

Mac	⌘ C
Win	ctrl C

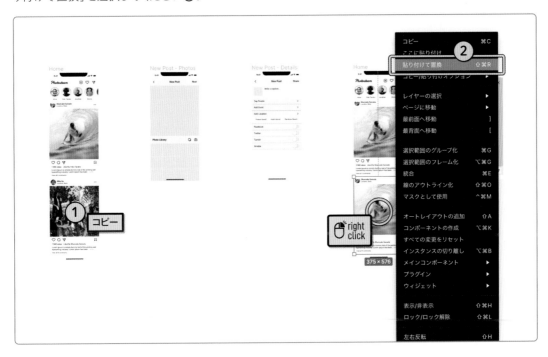

[貼り付けて置換]によってFlow 2の〔Post〕インスタンスが置き換わりました①。同じ作業を繰り返して、もう片方の〔Post〕も置き換えてください②。

SHORTCUT

貼り付けて置換

Mac	⌘ shift R
Win	ctrl shift R

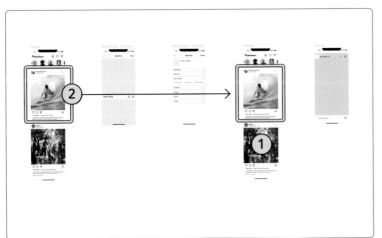

◯ そのほかのプラグイン

UnsplashとContent Reel以外にも強力なプラグインが数多く公開されて
います。参考までに筆者が愛用しているプラグインを少しだけ紹介します。

Artboard Studio Mockups

🔗 https://www.figma.com/community/plugin/750673765607708804

デザインをはめ込んだモックアップを簡単に作成できます。
プレゼン資料やポートフォリオがより魅力的に仕上がります。

Figmotion

🔗 https://www.figma.com/community/plugin/733025261168520714

キーフレームアニメーションを作成するツールです。アニメー
ションGIFの書き出しが可能で、すぐにプロトタイプに組み込
めます。ちょっとしたアニメーションの作成に向いています。

Google Sheets Sync

🔗 https://www.figma.com/community/plugin/735770583268406934

スプレッドシートのデータをFigmaに挿入できます。セルとレ
イヤーを対応付けられるため、データセットが用意できるなら
Content Reelよりも重宝します。

Figmaのプラグインは自作できます。生産的なアイデアを思いついたらマ
ネージャーやエンジニアに相談してみましょう。

SAMPLE FILE
Chapter 5 - 02

03

写真の選択画面

写真の選択画面は黒を基調とします。

〔New Post - Photos〕の塗りを[#000000]に変更してください。

◉ Status Bar

〔Status Bar〕をレイヤーパネルで選択し、塗りを[#000000]に変更します①。〔Status Bar〕にはバリアントが設定されています。Dark Modeのスイッチを[true]に切り替えてテキストやアイコンを白に変更してください②。

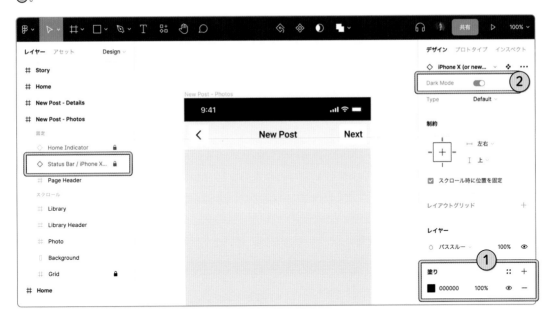

● Page Header

〔Button 1〕と〔Button 2〕の塗りを削除し、そのほかはスペックを参考に
塗りを設定してください。

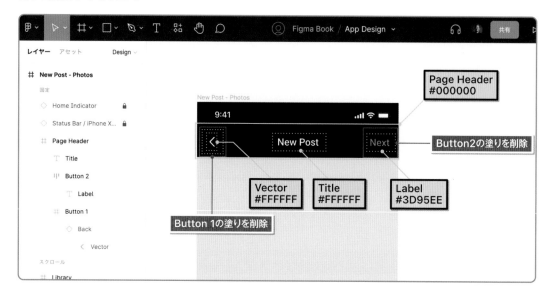

# Page Header	~ Vector	T Title	T Label
・塗り: #000000	・塗り: #FFFFFF	・塗り: #FFFFFF	・塗り: #3D95EE

● Photo

〔Photo〕を選択してリソースパネルからUnsplashプラグインを起動します。プラグインから写真を読み込んでください①。〔Photo〕の塗りに残っている［#DDDDDD］は削除します②。

SHORTCUT

リソースパネルを表示

Mac	shift	I
Win	shift	I

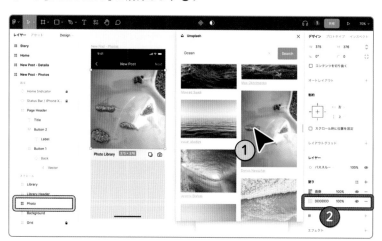

● Library Header

スペックを参考に塗りを変更してください。

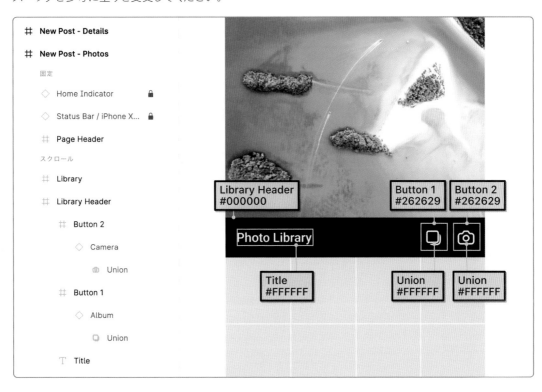

スペック		
⊞ **Library Header**	⊞ **Button 1**	⊞ **Button 2**
• 塗り: #000000	• 塗り: #262629	• 塗り: #262629
T **Title**	⌁ **Button 1 > Union**	⌁ **Button 2 > Union**
• 塗り: #FFFFFF	• 塗り: #FFFFFF	• 塗り: #FFFFFF

〔Button 1〕と〔Button 2〕に角の半径を設定してボタンを丸くします。

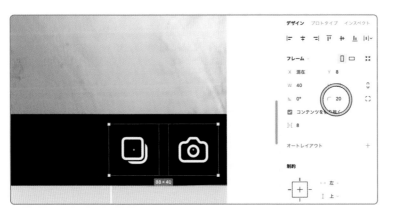

スペック
⊞ **Button 1**
角の半径: 20
⊞ **Button 2**
角の半径: 20

225

⊙ Library

写真をスクロールできるように変更しましょう。

プロトタイプの設定

3つの〔Row〕をすべて選択して［選択範囲のフレーム化］を実行します。新しく作成されたフレームの名前を「Inner」に変更してください。

SHORTCUT

選択範囲のフレーム化

Mac	⌘	option	G
Win	ctrl	alt	G

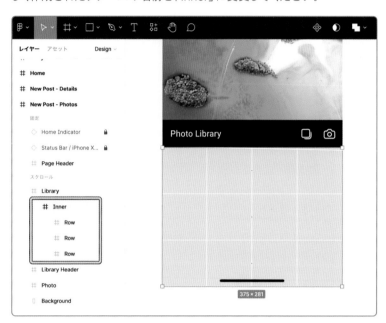

〔Inner〕にオートレイアウトを適用して①、〔Row〕を2回複製します②。
中身の要素がはみ出ることでスクロールを設定する準備が整いました。

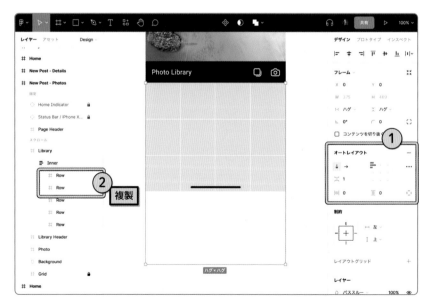

〔Library〕の［コンテンツを切り抜く］にチェックを入れて❶、塗りを削除します❷。［プロトタイプ］タブを選択し、〔Library〕のオーバーフロースクロールを［縦スクロール］に変更してください❸。

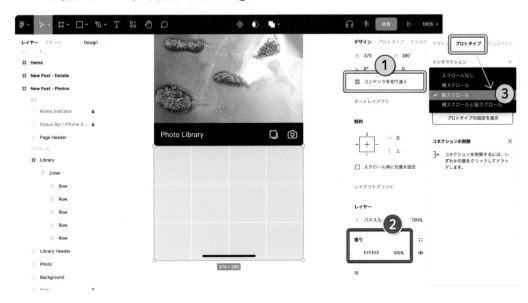

［縦スクロール］を設定するオブジェクトは〔Library > Inner〕ではなく〔Library〕です。❶が表示される場合、〔Inner〕が〔Library〕からはみ出しているか確認してください。

プロトタイプを開いてスクロールできることを確認しましょう。

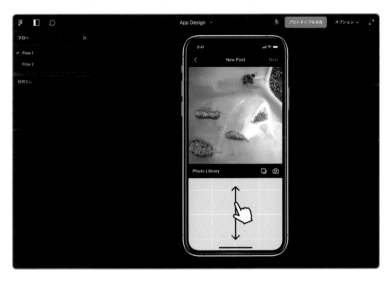

写真の配置

[Components]ページを開きます。

〔Library Photo〕コンポーネントの中の〔Image〕に写真を配置しましょう。
塗りの[#DDDDDD]は削除します。

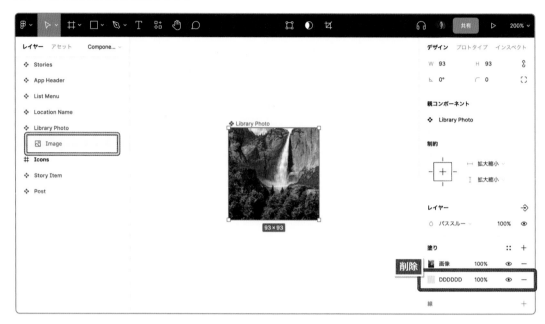

[Design]ページに戻ります。

〔Library > Inner〕を選択して enter を押すとすべての子要素
(〔Row〕)が選択されます。さらに enter を2回続けて押し、すべて
の〔Image〕を選択してください。

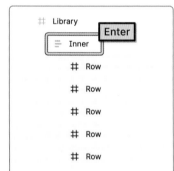

この状態でUnsplashを起動し、Presetsの[nature]を使って一気に
写真を流し込みましょう。

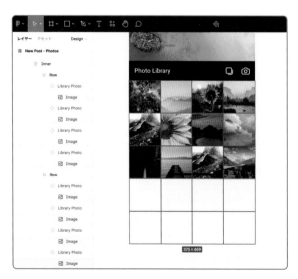

〔Home Indicator〕を［Dark Mode: true］に切り替えます①。

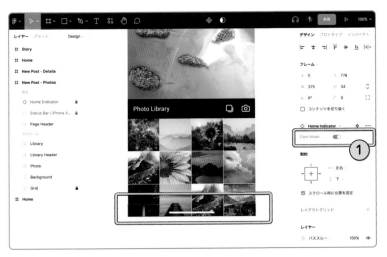

〔Background〕の塗りを［#000000］に変更します②。

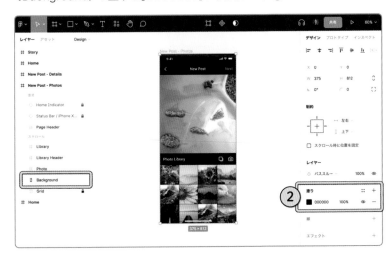

プロトタイプを開いて意図通りにスクロールが動作しているか確認してください。

SAMPLE FILE
Chapter 5 - 03

04

詳細の入力画面

詳細の入力画面も黒が基調です。〔New Post - Details〕の塗りを[#000000]に変更してください。

Status Bar

〔Status Bar〕を[Dark Mode: true]①、［塗り: #000000]に変更します②。

Page Header

写真の選択画面と同じ変更内容です。〔Button 1〕と〔Button 2〕の塗りを削除し、そのほかはスペックを参考に塗りを設定してください。

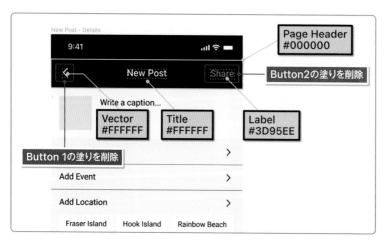

スペック

⊞ **Page Header**
- 塗り: #000000

〜 **Vector**
- 塗り: #FFFFFF

T **Title**
- 塗り: #FFFFFF

T **Label**
- 塗り: #3D95EE

◉ Caption

フレームとテキストの塗りを変更します。〔Placeholder〕はユーザーに入力を促すための仮置きテキストです。

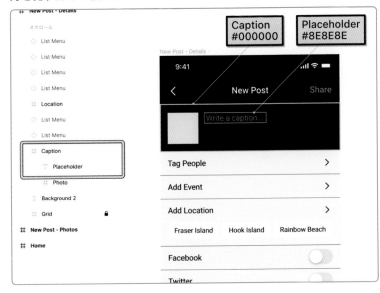

スペック

⊞ Caption

• 塗り: #000000

T Placeholder

• 塗り: #8E8E8E

プロパティのコピー＆ペースト

〔Caption > Photo〕には前の画面で選択した写真を表示します。〔New Post - Photos〕と同じ写真をUnsplashから読み込んでもよいですが「プロパティのコピー＆ペースト」を使うとより効率的です。

〔New Post - Photos > Photo〕を右クリックして［コピー/貼り付けオプション］>［プロパティをコピー］を選択します。

〔New Post - Details > Caption > Photo〕を右クリックして［コピー/貼り付けオプション］>［プロパティの貼り付け］を選択してください。

memo

ウェブブラウザ版では左上にアラートが表示されるので［許可］をクリックします。

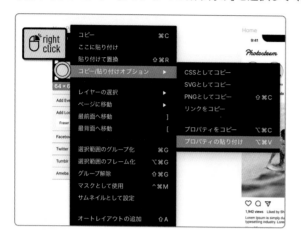

〔New Post - Photos > Photo〕のプロパティだけが〔New Post - Details > Caption > Photo〕にコピーされ、写真が配置されます。

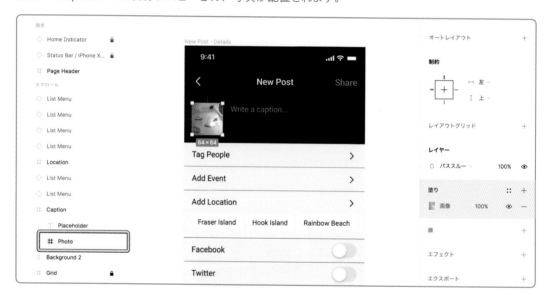

プロパティのコピー&ペーストを使うと、既存のオブジェクトの塗り、線、エフェクト、角の半径をほかのオブジェクトにそのまま適用できます。

SHORTCUT

プロパティをコピー

Mac	⌘ option C
Win	ctrl alt C

SHORTCUT

プロパティの貼り付け

Mac	⌘ option V
Win	ctrl alt V

04

詳細の入力画面

◯ List Menu

〔List Menu〕はコンポーネント化されています。右パネルのアイコンから
[Components] ページにジャンプして編集しましょう。

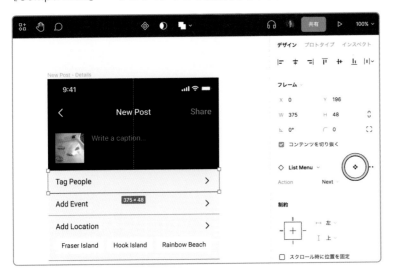

〔List Menu〕コンポーネントには2つのバリアントが登録
されています。まずは [Action: Switch] のバリアントを編
集します。〔Border〕を選択して①、塗りを [#262629]
に変更してください②。

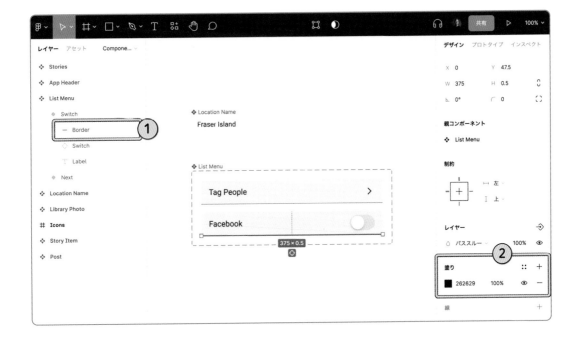

背景を黒に、テキストを白に変更します。

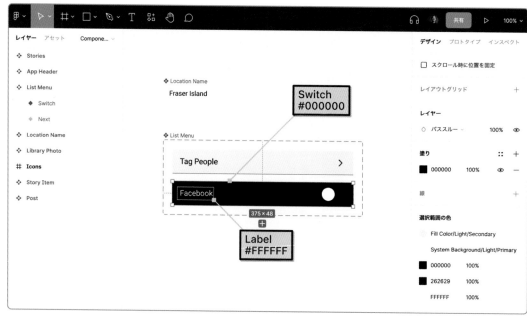

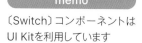

スペック

◆Switch
• 塗り: #000000

Ⓣ Label
• 塗り: #FFFFFF

このコンポーネントには別のコンポーネントのインスタンスが入れ子になっています。〔Switch〕インスタンスのバリアントを[Dark Mode: true]に変更してください。

memo

〔Switch〕コンポーネントは
UI Kitを利用しています

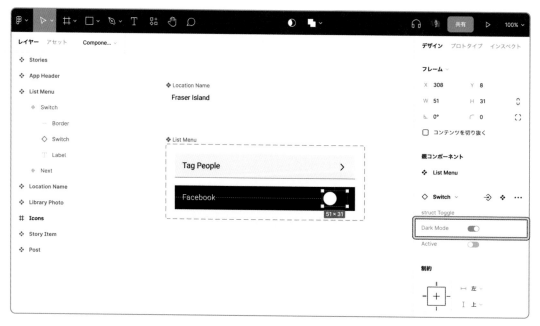

[Action: Next]のバリアントにも同じ変更を加えます。アイコンの塗りは
[#FFFFFF]に設定してください。

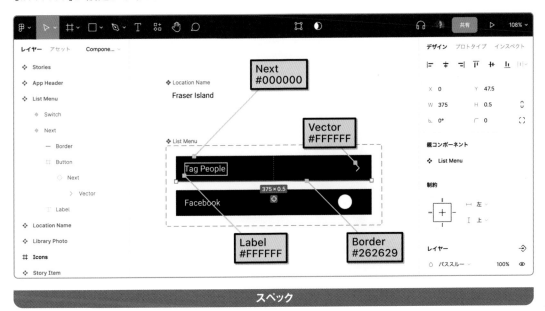

スペック

◆ Next
- 塗り: #000000

T Label
- 塗り: #FFFFFF

□ Border
- 塗り: #262629

☑ Vector
- 塗り: #FFFFFF

[Design]ページに戻ってコンポーネントの変更が反映されているか確認し
ましょう。〔List Menu〕の間には極細の〔Border〕が配置されています。

⦿ Location

〔Location〕は〔List Menu〕とほぼ同じデザインですがコンポーネントではありません。［Design］ページで編集してください。

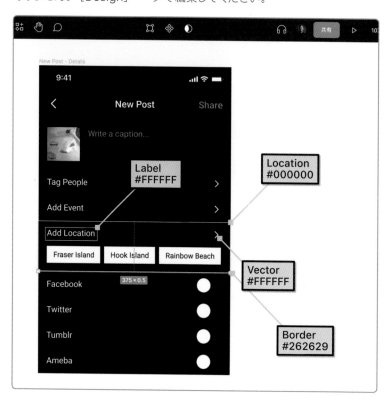

スペック

#️ Location
- 塗り：#000000

T Label
- 塗り：#FFFFFF

□ Border
- 塗り：#262629

⌁ Vector
- 塗り：#FFFFFF

〔Location > Location Name〕はコンポーネントです。［Components］ページで編集します。

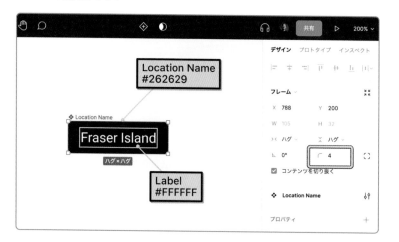

スペック

#️ Location Name
- 塗り：#262629
- 角の半径：4

T Label
- 塗り：#FFFFFF

04

詳細の入力画面

最後に[Design]ページで〔Background 2〕の塗りを[#000000]に変更
します。

詳細デザインの作成後もプロトタイプが正常に動作することを確認してくだ
さい。

SAMPLE FILE
Chapter 5 - 04

05 ストーリー画面

ストーリー画面も黒が基調です。〔Story〕の塗りを［#000000］に変更して
ください①。〔Status Bar〕を［Dark Mode: true］、［塗り: #000000］
に変更し②、〔Home Indicator〕を［Dark Mode: true］に変更します③。

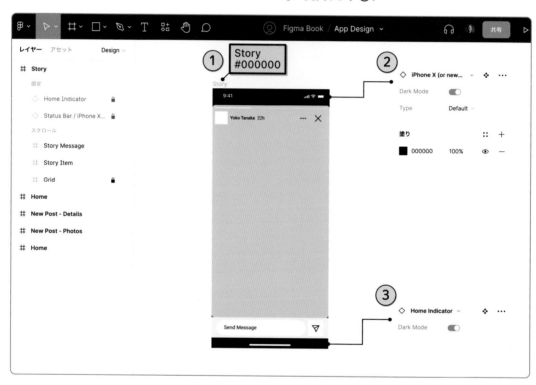

● Story Header

〔Story Item > Story Header > Author > Author Photo〕は投稿者の写真です。Flow 2のインタラクションと整合性が取れるよう、前の画面と同じ写真を配置しましょう。

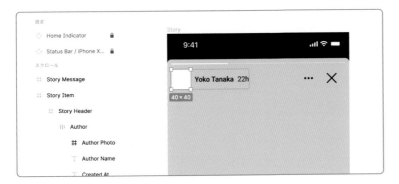

〔Stories > Story Item > Thumbnail > Photo〕を右クリックして［コピー/貼り付けオプション］から［プロパティをコピー］を選択します。

SHORTCUT

プロパティをコピー

| Mac | ⌘ | option | C |
| Win | ctrl | alt | C |

〔Story Item > Story Header > Author > Author Photo〕を右クリックして［コピー/貼り付けオプション］から［プロパティの貼り付け］を実行してください。

SHORTCUT

プロパティの貼り付け

| Mac | ⌘ | option | V |
| Win | ctrl | alt | V |

［角の半径］を［20］に変更して写真を丸く切り抜きます。

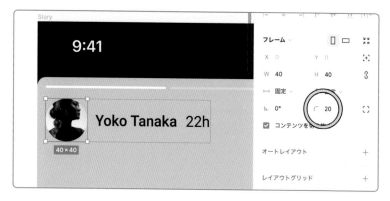

テキストとアイコンの塗りを変更してください。

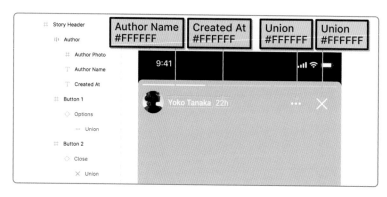

スペック

T Author Name
• 塗り：#FFFFFF

T Created At
• 塗り：#FFFFFF

~ Options > Union
• 塗り：#FFFFFF

~ Close > Union
• 塗り：#FFFFFF

Story Image

〔Story Item > Story Image〕の［塗り：#CACACA］を削除し、Unsplash
プラグインを使って写真を配置します。

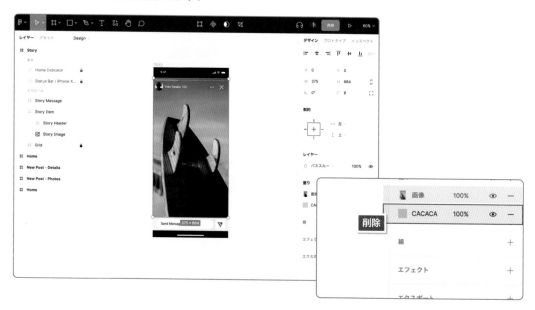

● Story Message

〔Story Message〕と〔Story Message ＞ Button〕の塗りを削除し、入力
フォームとアイコンの塗りを変更します。

以上でストーリー画面は完成です。

Flow 2のプロトタイプを開いてデザインを確認しましょう。

スペック

⊞ **Input**
- 塗り：#262629

T **Placeholder**
- 塗り：#8E8E8E

⌁ **Vector**
- 塗り：#FFFFFF

SAMPLE FILE

Chapter 5 - 05

Figmaのスキルチェック

筆者が考えるFigmaのスキルをUIデザインと関係付けて6段階に分けました。本書の内容はレベル1～4をカバーしています。レベル5と6は実装が関わる領域でありエンジニアと協力して作り上げるのが一般的ですが、コードを書けるデザイナーが中心となって構築する場合もあります。

レベル **1**　オブジェクトの重なり順や階層構造、グループとフレームの差を理解している。ブーリアングループやマスクを使って複数のオブジェクトで構成される図形を作成できる。

レベル **2**　ワイヤーフレームや画面デザインを作成できる。画面と画面をつなげてプロトタイプを作成し、アプリの主要な機能をプレゼンテーションできる。

レベル **3**　オートレイアウトや[制約]を使ってサイズ変更に強いUIパーツを作成できる。繰り返し使用する要素はコンポーネント化し、プラグインを駆使して効率的な作業フローを構築している。

レベル **4**　バリアントを使ってUIの状態やアニメーションを表現できる。スタイルに登録した色やテキストをエンジニアと共有しており、UIパターンを資料として作成している。

レベル **5**　デザインと実装の設計に一貫性を持たせている。デザインファイルからコンポーネントとスタイルを分離させ、ほかのプロジェクトでも利用できるような仕組みを構築している。

レベル **6**　UIパターンを実装に落とし込み、組織全体におけるデザインの基準や原則を含めてデザインシステムを構築できる。

手を動かしてプロダクトを作るだけでなく、企画、リサーチ、アイディエーションにおいてもデザイナーは重要な役割を担います。FigmaはあくまでUIデザインとコラボレーションの手段であることを忘れないようにしましょう。

Chapter 6

デザインのハンドオフ

ハンドオフとは、デザインをエンジニアに引き継ぐことです。エンジニアがストレスなく実装できるような環境を整えましょう。将来に備えて変更に強い構成にしておくことが重要です。

01 色スタイル

色やタイポグラフィなど、デザインを構成する最小単位のことを「デザイントークン」と呼びます。デザイントークンをスタイルとして管理して、デザインと実装コードの双方の保守性を高めましょう。

◯ 色の確認

[Components]ページを開いてすべてのコンポーネントを選択すると、使用されている色が右パネルに表示されます。［6色すべてを表示］をクリックしてすべて表示してください。

SHORTCUT

すべて選択

Mac	⌘	A
Win	ctrl	A

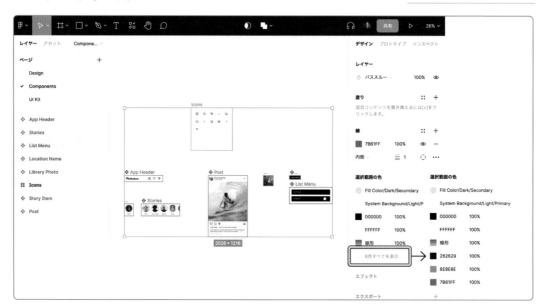

各色の役割は以下の通りです。

① UI Kitで定義されている色です。このファイルではスタイルに登録しません。

② [Components]ページで使用している色です。スタイルに登録します。

③ バリアントのコンポーネントセットに使用されている色です。アプリのUIではないためスタイルに登録しません。

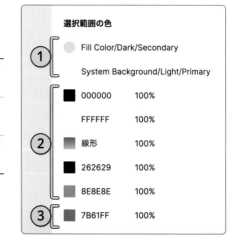

色がどこで使用されているかを確かめるには、右端のアイコンをクリックします。要素が多いと色の整理に時間を要します。なるべく早めに色スタイルの管理を始めましょう。

○ 命名規則

デザイントークンを管理するにはスタイルの名前が重要です。一貫性のある名前を付けるためのルールを「命名規則」といい、その色をいつどこで使うか判断できるように構成します。デザインと実装が同じ命名規則に従っていると理想的です。エンジニアと話し合って決めましょう。

本書では以下の命名規則を使用します。

色スタイルの命名規則

［Mode］/［Element］/［Type］(/［State］)

色スタイルの例

Dark/Button Label/1/Default

	意味	例
Mode	ダークモードとライトモードのどちらかを指定します。	Dark
Element	この色を適用するUI要素です。	Button Label
Type	バリエーションを数字で表現します。Primary、Secondary、Tertiaryなどの英単語が使われる場合もあります。	1
State	「選択中」などの"状態"を意味します。色スタイルによって省略される場合があります。	Default

現状のデザインをダークモードとライトモードに分けて登録します。

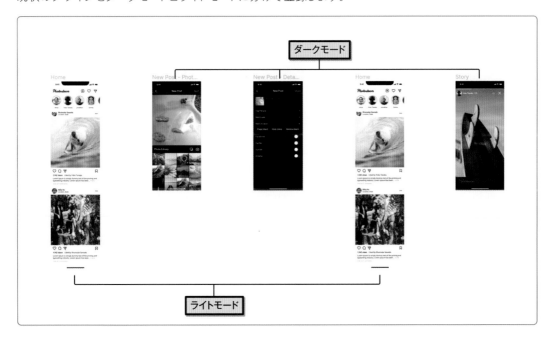

◉ 色スタイルの登録

テキストやアイコンの色を1つずつ登録するのではなく、［選択範囲の色］からまとめて登録します。［Components］ページで〔Post〕コンポーネントを選択してください。

［選択範囲の色］から［#000000］の⠿をクリックします。

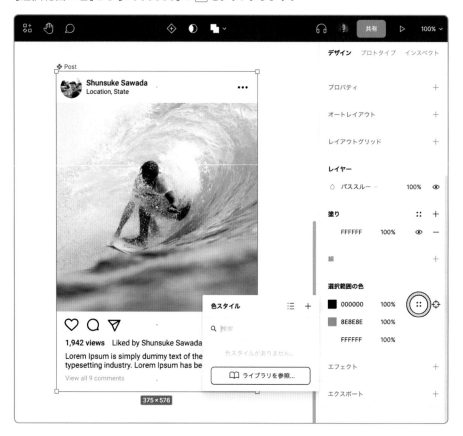

⊞をクリックしてスタイルを登録してください。

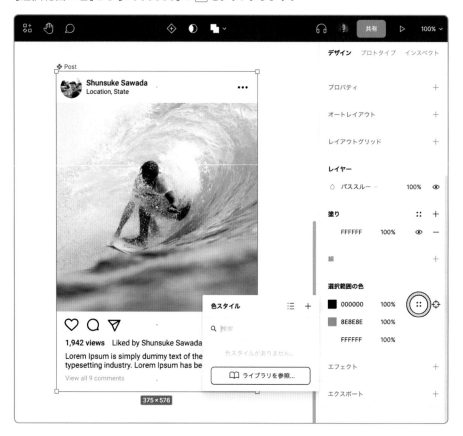

以下の３つの色をスタイルに登録しましょう。

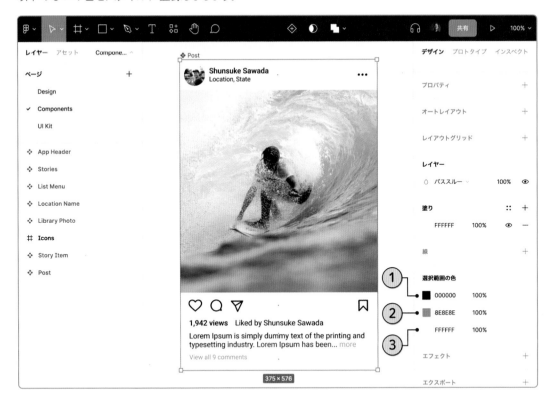

新規に色スタイルを登録

	対象の色	スタイルの名前	用途
①	#000000	Light/Label/1	ライトモードのテキストやアイコン
②	#8E8E8E	Light/Label/2	ライトモードの控えめなテキスト
③	#FFFFFF	Light/Background/1	ライトモードの背景

● 色スタイルの適用

登録された色スタイルをほかの要素に使用します。〔App Header〕、
〔Stories〕、〔Story Item〕のコンポーネントを同時に選択してください。

［選択範囲の色］から［#000000］の⸬をクリックします。

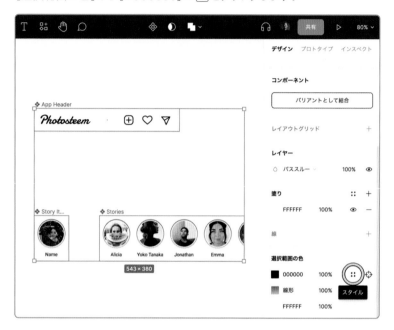

色スタイルの一覧が表示されるので、リストビューに切り替えます①。

［Light/Label］フォルダの［1］をクリックしてスタイルを適用してください②。

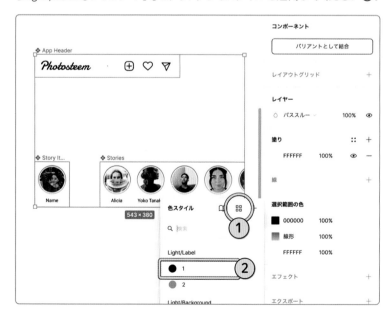

色スタイルを適用すると、［選択範囲の色］にはスタイルの名前が表示され
ます①。同じように［#FFFFFF］にもスタイルを適用してください②。

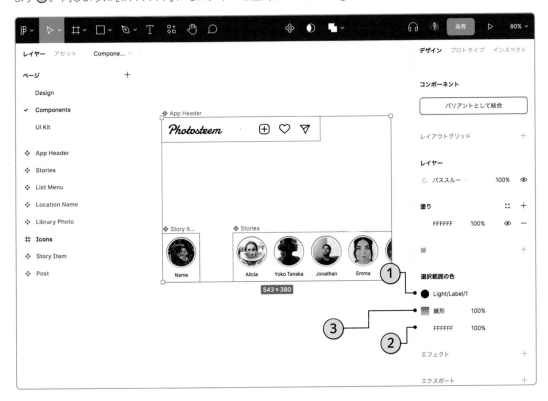

既存の色スタイルを適用

	対象の色	適用するスタイル	使用箇所
①	#000000	Light/Label/1	ロゴ、アイコン、テキストに使用しています。
②	#FFFFFF	Light/Background/1	〔App Header〕の塗りに使用しています。

グラデーションは〔Story Item ＞ Thumbnail ＞ Ring〕にしか使用されて
おらずデザイントークンとしての意義は小さいですが、今後の拡張性を見
越して登録しておきましょう。

新規に色スタイルを登録

	対象の色	スタイルの名前	用途
③	線形	Light/Story/1/Active	ライトモードの24時間以内のストーリー

アイコンには［Light/Label/1］を適用します①。［#FFFFFF］はフレームの塗りであり、アプリのUIではないのでスタイルは適用しません②。

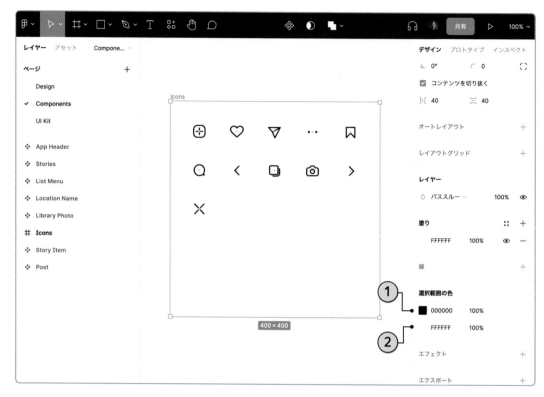

既存の色スタイルを適用

	対象の色	適用するスタイル	使用箇所
①	#000000	Light/Label/1	アイコンの色です。

The Figma Store

『The Figma Store』には、シンプルかつおしゃれなFigmaグッズが並んでいます。Figma日本語版のリリースにあわせて、日本からでも購入できるようになったので、ぜひ一度アクセスしてみてください。このストアを通して生まれたすべての利益は環境保全事業に拠出されます。

🔗 https://store-jp.figma.com/

● ダークモードの色スタイル

〔Location Name〕と〔List Menu〕は黒を基調とした画面で使用している
コンポーネントです。登録済みのスタイルを適用するのではなく、ダーク
モードの色として新規に登録してください。

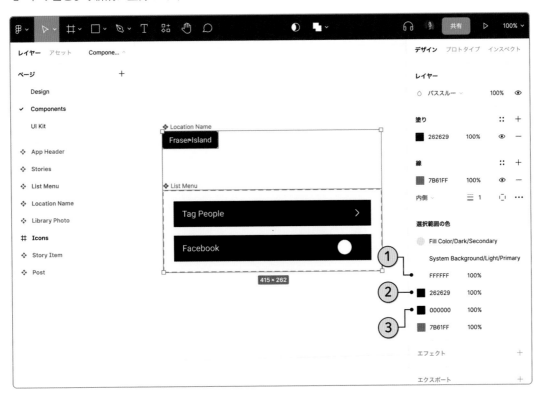

新規に色スタイルを登録

	対象の色	スタイルの名前	用途
①	#FFFFFF	Dark/Label/1	ダークモードのテキストやアイコン
②	#262629	Dark/Background/2	ダークモードの明るめな背景
③	#000000	Dark/Background/1	ダークモードの背景

● 各画面の色を登録

[Design]ページに戻り、各画面の色もスタイルで管理できるように変更します。同じ用途の色を重複して登録しないように注意しましょう。

ホーム画面

以下の図と表を参考にして、Flow 1とFlow 2の〔Home〕を編集してください。

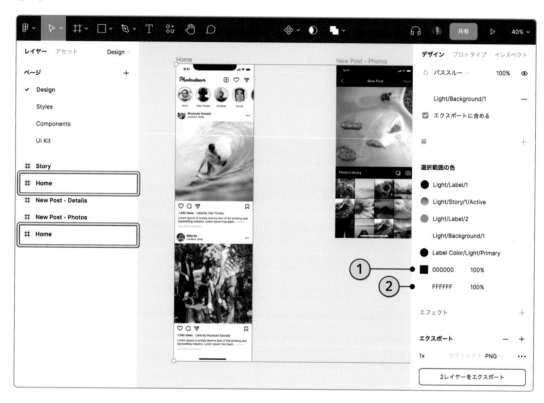

〔Home〕の[選択範囲の色]

既存の色スタイルを適用

	対象の色	適用するスタイル	使用箇所
①	#000000	なし	UI Kitの色なのでスタイルは適用しません。
②	#FFFFFF	Light/Background/1	背景に使用しています。

写真の選択画面

〔Page Header > Button 2 > Label〕の色を新規に登録します。そのほかの色には既存のスタイルを適用しましょう。

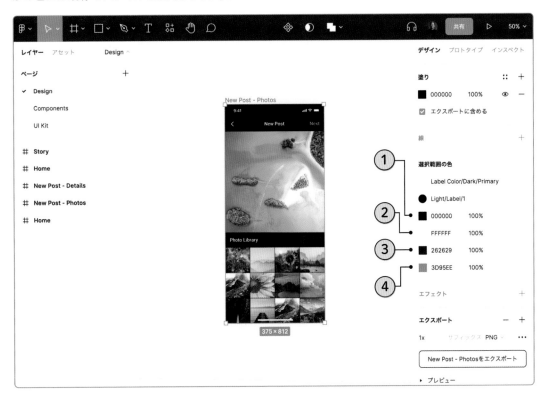

〔New Post - Photos〕の［選択範囲の色］

既存の色スタイルを適用

	対象の色	適用するスタイル	使用箇所
①	#000000	Dark/Background/1	背景に使用しています。
②	#FFFFFF	Dark/Label/1	テキストとアイコンに使用しています。
③	#262629	Dark/Background/2	ボタンの背景に使用しています。

新規に色スタイルを登録

	対象の色	スタイルの名前	用途
④	#3D95EE	Dark/Button Label/1/Default	ダークモードのボタンラベル（通常の状態）

詳細の入力画面

〔Caption > Placeholder〕の色を新規に登録し、そのほかの色には既存
のスタイルを適用してください。

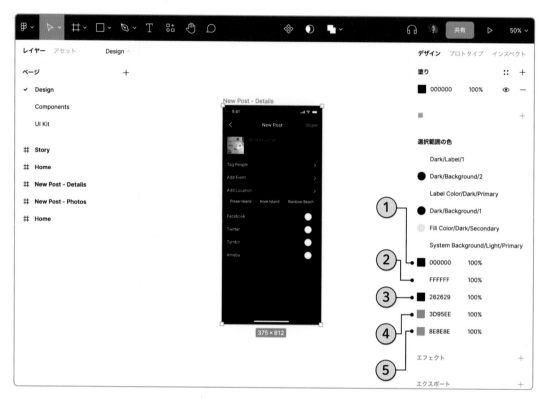

〔New Post - Details〕の[選択範囲の色]

既存の色スタイルを適用

	対象の色	適用するスタイル	使用箇所
①	#000000	Dark/Background/1	背景に使用しています。
②	#FFFFFF	Dark/Label/1	テキストとアイコンに使用しています。
③	#262629	Dark/Background/2	〔Location > Border〕に使用しています。
④	#3D95EE	Dark/Button Label/1/Default	〔Page Header > Button 2 > Label〕に使用しています。

新規に色スタイルを登録

	対象の色	スタイルの名前	用途
⑤	#8E8E8E	Dark/Label/2	ダークモードの控えめなテキスト

ストーリー画面

最初に〔Story Item ＞ Story Header ＞ Story Pagination〕の色を登録し
ます。〔Story〕を選択しないよう注意してください。

〔Story Pagination〕の［選択範囲の色］

新規に色スタイルを登録

	対象の色	スタイルの名前	用途
①	#FFFFFF, 30%	Dark/Pagination/1/Default	ダークモードの非アクティブなページ
②	#FFFFFF	Dark/Pagination/1/Active	ダークモードのアクティブなページ

［#FFFFFF］は［Dark/Label/1］として登録されていますが、用途が異なる
ので新規にスタイルを登録します。

次に〔Story〕を選択して既存の色スタイルを適用してください。

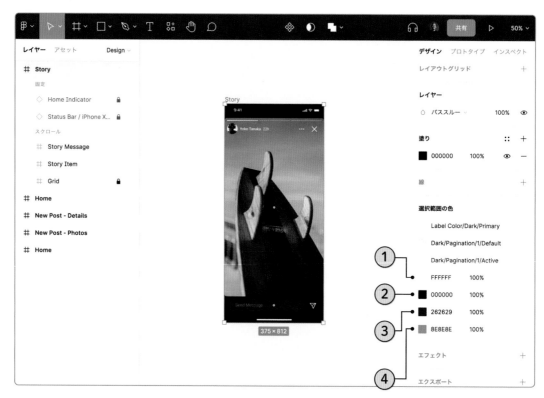

〔Story〕の［選択範囲の色］

既存の色スタイルを適用

	対象の色	適用するスタイル	使用箇所
①	#FFFFFF	Dark/Label/1	テキストとアイコンに使用しています。
②	#000000	Dark/Background/1	背景に使用しています。
③	#262629	Dark/Background/2	〔Story Message > Input〕に使用しています。
④	#8E8E8E	Dark/Label/2	〔Story Message > Input > Placeholder〕に使用しています。

⬤ カラーパレット

色スタイルが一覧できる「カラーパレット」を作成しましょう。色の設計を俯瞰できるとエンジニアの作業が円滑になります。

左パネルのページ名をクリックします①。 ⊞ でページを作成し②、名前を「Styles」に変更してください③。

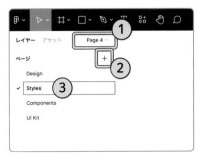

[Styles]ページの中に、「_Color」という名前で新規にコンポーネントを作成します。このコンポーネントを使って色スタイルの一覧を作ります。

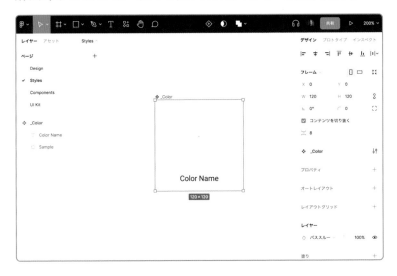

1
2
3
4
5
6
7

memo

アプリのUIに使用しないコンポーネントは、名前の先頭に「_（アンダースコア）」を付けます。プログラミングに由来する"内部用"を表すための慣習です。

スペック

❖ _Color

- X: 0, Y: 0
- W: 120, H: 120
- 塗り: なし

◎ Sample

- X: 20, Y: 8
- W: 80, H: 80
- 塗り: #FFFFFF

T Name

- X: 0, Y: 96
- 塗り: #000000
- テキスト:
  – フォント: Roboto Regular
  – フォントサイズ: 10
  – 行間: 16
  – テキスト中央揃え
  – サイズ変更: 高さの自動調整
- 制約:
  – 左右
  – 上

現在のデザインに使用している色スタイルは以下の通りです。

ライトモード

	スタイルの名前	カラーコード	用途
●	Light/Label/1	#000000	ライトモードのテキストやアイコン
●	Light/Label/2	#8E8E8E	ライトモードの控えめなテキスト
○	Light/Background/1	#FFFFFF	ライトモードの背景
◐	Light/Story/1/Active	線形 #C73E6E → #EFB86C	ライトモードの24時間以内のストーリー

ダークモード

	スタイルの名前	カラーコード	用途
○	Dark/Label/1	#FFFFFF	ダークモードのテキストやアイコン
●	Dark/Label/2	#8E8E8E	ダークモードの控えめなテキスト
●	Dark/Background/1	#000000	ダークモードの背景
●	Dark/Background/2	#262629	ダークモードの明るめな背景
●	Dark/Button Label/1/Default	#3D95EE	ダークモードのボタンラベル（通常の状態）
❁	Dark/Pagination/1/Default	#FFFFFF, 30%	ダークモードの非アクティブなページ
○	Dark/Pagination/1/Active	#FFFFFF	ダークモードのアクティブなページ

〔Colors〕という名前のフレームを作成して図のようにまとめました。

左にライトモード、右にダークモードの色を配置し、各行は同じ要素の色が並ぶように整理しています。

ライトモードとダークモードを比較すると、①と②の色が不足していることがわかりました。

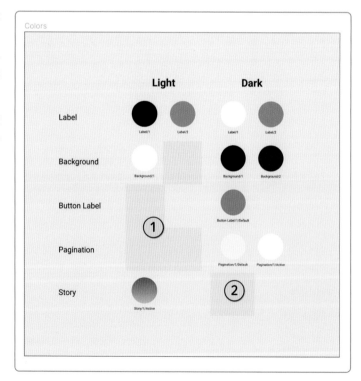

01

色スタイル

258

色スタイルを追加して両方のモードに
対応しましょう。表を参考に①～⑤
の色を新規に登録してください。

片方のモードの単純なコピーではな
く、それぞれカラーコードが調整さ
れています。

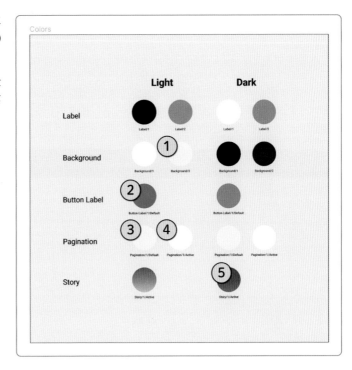

新規に色スタイルを登録

	スタイルの名前	カラーコード	用途
①	Light/Background/2	#EDEDED	ライトモードの暗めな背景
②	Light/Button Label/1/Default	#2678CB	ライトモードのボタンラベル（通常の状態）
③	Light/Pagination/1/Default	#FFFFFF, 30%	ライトモードの非アクティブなページ
④	Light/Pagination/1/Active	#FFFFFF	ライトモードのアクティブなページ
⑤	Dark/Story/1/Active	線形 #B81B52 → #B06C0D	ダークモードの24時間以内のストーリー

● 色スタイルの編集

esc を押すかキャンバスの余白をクリックして、右パネルに色スタイルを表示します。 ▶ をクリックしてメニューを展開してください①。フォルダやスタイルをダブルクリックすると名前を変更できます②。スタイルにマウスオーバーすると表示されるアイコンをクリックして、編集パネルを開きましょう③。

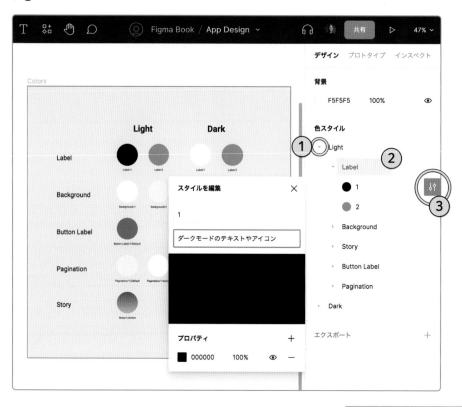

④	色スタイルの名前を変更できます。
⑤	色スタイルにマウスオーバーすると表示されるテキストです。用途を簡潔に書いておくと親切です。
⑥	色を変更できます。変更すると、スタイルを適用しているすべてのオブジェクトの色が更新されます。

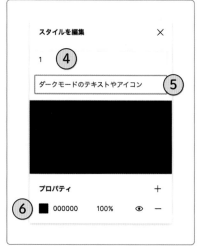

色スタイルの並び替え

色スタイルの順序やフォルダはドラッグで変更できます。

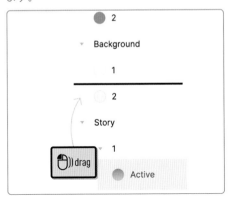

色スタイルの削除

色スタイルを削除するには右クリックから［スタイルを削除］を選択します。

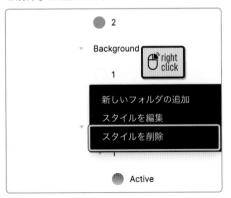

● カラーパレットの共有

〔Colors〕を選択して右上の［共有］ボタンをクリックすると、このカラーパレットの URL を取得できます。［選択されているフレームへのリンク］のチェックが入っていることを確認し①、［リンクをコピーする］をクリックしてください②。取得した URL はエンジニアへのメッセージなどに添付しましょう。

以上で色スタイルの作業は完了です。地味で面倒な作業に感じるかもしれませんが、色を適切に管理することで以下のようなメリットがあります。

- アプリ全体の色に一貫性が生まれます。
- 色スタイルを変更するだけで全体の色を更新できます。
- デザイントークンとしての命名規則があるため、自分以外のデザイナーも正しく色を選択できます。
- 保守性の高い実装につながります。

SAMPLE FILE
Chapter 6 - 01

02

ダークモード

黒を基調とした配色に切り替える機能を「ダークモード」といいます。眩しさを軽減したりディスプレイによっては消費電力を抑えられるメリットがあります。ユーザーはスマートフォンの設定でダークモードに切り替えますが、ダークモードに対応していないアプリの画面は切り替わりません。

色スタイルを利用することでダークモードに対応したデザインを効率的に作成しましょう。

● コンポーネントの対応

[Design]ページで〔Home〕を複製して[X: 0, Y: 2198]に移動します。
名前を「Dark/Home」に変更してください。

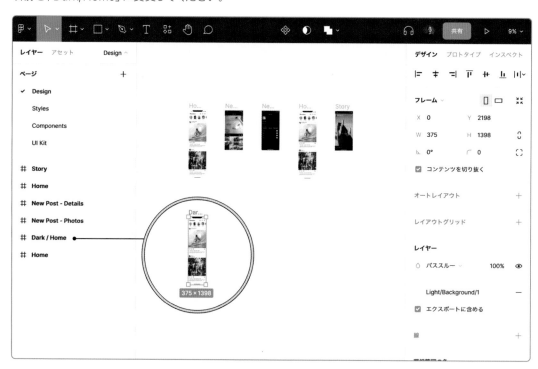

［Components］ページを開いて、ホーム画面を構成しているコンポーネントを編集します。

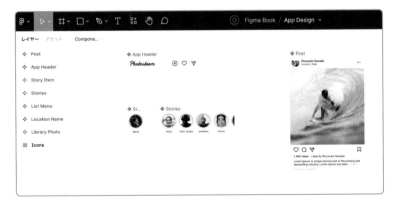

〔Post〕、〔App Header〕、〔Story Item〕のそれぞれにバリアントを作成しましょう。

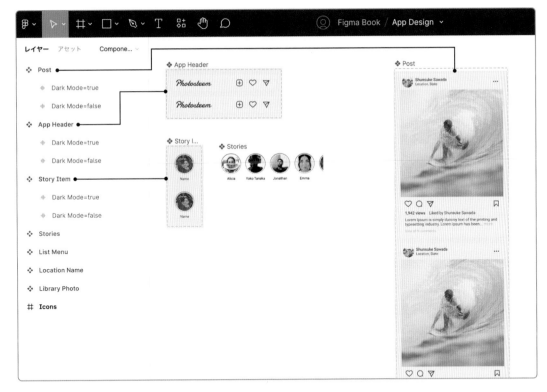

バリアントのプロパティは［Dark Mode］、値は［false］と［true］に設定します。初期値（先頭の値）が［false］になるように注意してください。

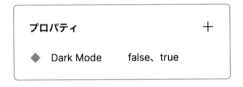

〔Post〕コンポーネントの［Dark Mode: true］を選択します。右パネルの
［選択範囲の色］から［Light/Background/1］をクリックして①、パネルか
ら［Dark/Background/1］を選択してください②。色スタイルが入れ替わり
ます。

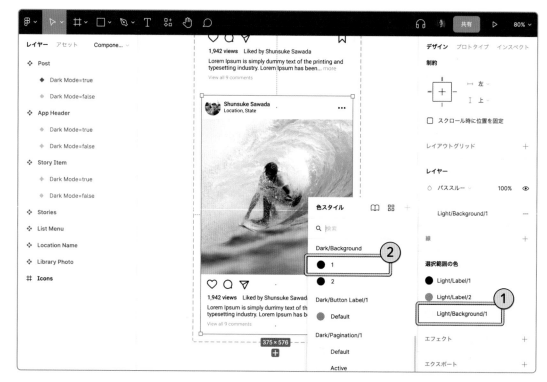

残り2つの色に対して同じ作業を繰り返します。

③ ［Light/Label/1］→ ［Dark/Label/1］

④ ［Light/Label/2］→ ［Dark/Label/2］

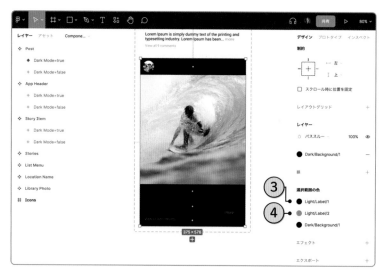

作業後の［選択範囲の色］にはダークモードの色スタイルのみ表示されます。

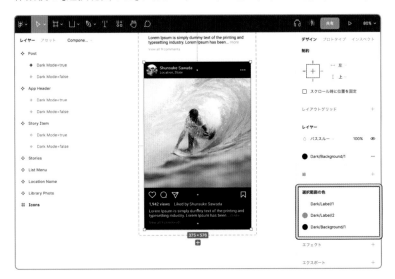

同じ方法で〔App Header〕と〔Story Item〕もダークモードに対応したデザ
インを作成してください。

変更前	変更後
Light/Label/1	Dark/Label/1
Light/Background/1	Dark/Background/1

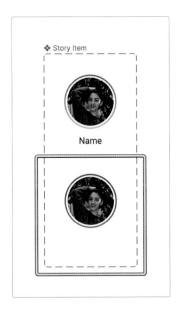

変更前	変更後
Light/Label/1	Dark/Label/1
Light/Story/1/Active	Dark/Story/1/Active

⬤ 画面の対応

[Design]ページに戻って〔Dark / Home〕に配置されているインスタンスを[Dark Mode: true]に変更しましょう。

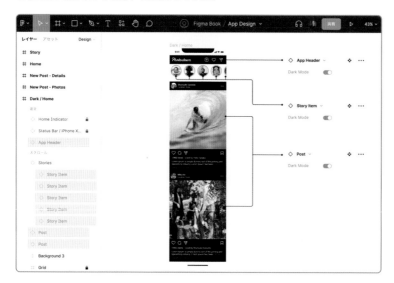

最後に以下の作業を行ってください。

① 〔Home〕の[選択範囲の色]から[Light/Background/1]を[Dark/Background/1]に入れ替えます。

② 〔Status Bar〕を[Dark Mode: true]に変更します。

③ 〔Home Indicator〕を[Dark Mode: true]に変更します。

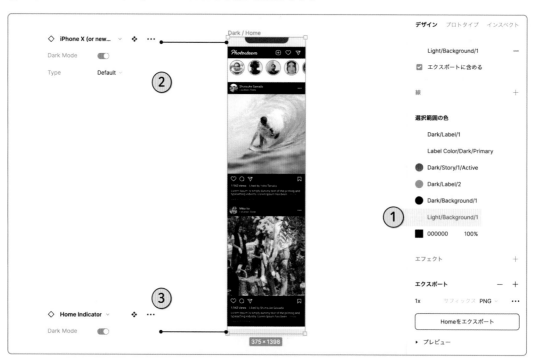

以上でホーム画面のダークモード対応が完了です。プロトタイプを開いて
デザインを確認してください。

デザイナーもコードを書くべきか

ウェブサイトを構築するHTML&CSSコーディングの習得をお勧めします。ウェブ
とアプリはプログラミング言語が異なりますが、共通している概念が多いため実装
を考慮したデザインにつながる上、環境構築が容易なのですぐに学習をはじめられ
ます。本章ではコードを書いたことのないデザイナーに向けて「ハンドオフ」を解説
していますが、コーディングを経験したあとに読み返すと、より納得感のある内容
だと自負しています。

03

テキストスタイル

テキスト設定もUIを構成するデザイントークンです。スタイルに登録して管理しましょう。

● テキストスタイルの設計

現状のデザインに使用しているテキスト設定のパターンは以下の通りです。

① Roboto Regular 12pt　④ Roboto Medium 14pt
② Roboto Regular 14pt　⑤ Roboto Medium 18pt
③ Roboto Regular 16pt

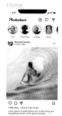

⑤ Roboto Medium 18pt

② Roboto Regular 14pt
③ Roboto Regular 16pt
⑤ Roboto Medium 18pt

② Roboto Regular 14pt
③ Roboto Regular 16pt
④ Roboto Medium 14pt

① Roboto Regular 12pt
② Roboto Regular 14pt
④ Roboto Medium 14pt

	フォント	フォントウェイト	フォントサイズ	行間
①	Roboto	Regular	12	16
②	Roboto	Regular	14	16
③	Roboto	Regular	16	24
④	Roboto	Medium	14	16
⑤	Roboto	Medium	18	24

memo

テキスト設定には[選択範囲の色]のような機能がなく、テキストオブジェクトの設定を1つずつ確認する必要があります。

テキスト設定をアプリ上の用途に当てはめ、以下のようにテキストスタイルの一覧表を作成しました。「Heading/M」と「Button Label」は同じテキスト設定ですが、用途が異なるので別のスタイルとして登録します。

テキストスタイルの命名規則

［Mode］/［Element］/［Size］

テキストスタイルの例

Light/Body/M

ライトモード

	フォント	フォントウェイト	フォントサイズ	行間	用途
Caption	Roboto	Regular	12	16	補足的なテキスト
Body/S	Roboto	Regular	14	16	小さめな文章
Body/M	Roboto	Regular	16	24	文章や全般的なUI要素
Heading/S	Roboto	Medium	14	16	小さめな見出し
Heading/M	Roboto	Medium	18	24	見出し
Button Label	Roboto	Medium	18	24	ボタンのラベル

ダークモード

	フォント	フォントウェイト	フォントサイズ	行間	用途
Caption	Roboto	Regular	12	16	補足的なテキスト
Body/S	Roboto	Light	14	16	小さめな文章
Body/M	Roboto	Light	16	24	文章や全般的なUI要素
Heading/S	Roboto	Medium	14	16	小さめな見出し
Heading/M	Roboto	Medium	18	24	見出し
Button Label	Roboto	Medium	18	24	ボタンのラベル

黒背景のテキストが太く見える現象を考慮して、
Body/SとBody/Mを［フォントウェイト：Light］に設定しています。

● テキストスタイルの登録

テキストスタイルの一覧表を[Styles]ページの中に作りましょう。下図とスペックを参考にして「_Text」という名前で内部用のコンポーネントを作成してください。オートレイアウトが適用されているフレームを点線で示しています。

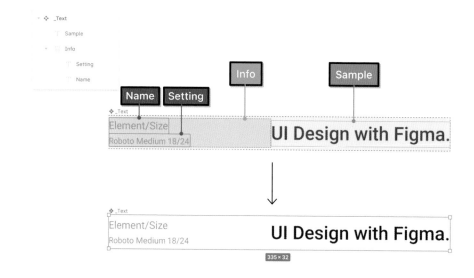

スペック

❖ _Text

- X: 1400, Y: 0
- W: 335, H: 32
- 塗り: なし
- オートレイアウト:
  - 方向: Horizontal →
  - 上パディング: 2
  - 下パディング: 2
  - オブジェクトの間隔: 0

Info

- W: 160
- オートレイアウト
  - 方向: Vertical ↓
  - パディング: 0
  - オブジェクトの間隔: 0
- サイズ変更:
  - 固定幅
  - コンテンツを内包(ハグ)

テキストオブジェクトの塗りにはライトモードの色スタイルを適用しました。

スペック

T Sample

- 塗り: Light/Label/1
- テキスト:
  - フォント: Roboto Medium
  - フォントサイズ: 18
  - 行間: 24
  - サイズ変更: 幅の自動調整

T Name

- 塗り: Light/Label/2
- テキスト:
  - フォント: Roboto Regular
  - フォントサイズ: 10
  - 行間: 16
  - サイズ変更: 幅の自動調整

T Setting

- 塗り: Light/Label/2
- テキスト:
  - フォント: Roboto Regular
  - フォントサイズ: 8
  - 行間: 12
  - サイズ変更: 幅の自動調整

オートレイアウトのオブジェクトの間隔は①、パディングは②で設定します。

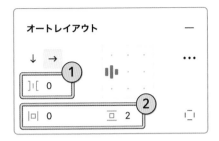

「Typography」という名前で［W: 1000, H: 1000］のフレームを作成します③。〔_Text〕コンポーネントのインスタンスを上書きして、テキスト設定の一覧を作成してください④。右半分にはダークモードの色スタイルを適用しています⑤。

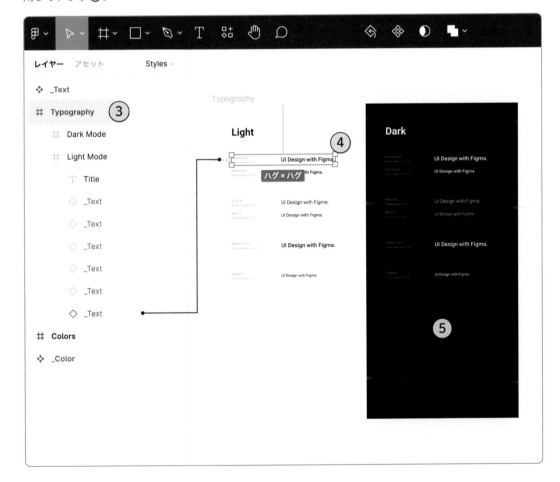

一覧表ができたら、〔_Text ＞ Sample〕のテキスト設定をスタイルに登録します。テキストスタイルを開いて①、＋をクリックしてください②。

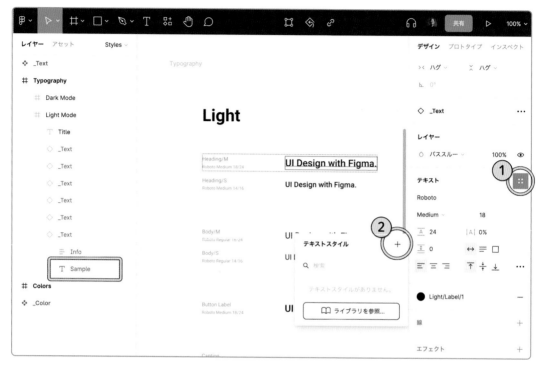

「テキストスタイルの設計」の一覧表に従って名前を付けます。ライトモードには「Light/」、ダークモードには「Dark/」を名前の先頭に入れてください。

完了すると〔_Text ＞ Sample〕にテキストスタイルが適用されます。この
作業を繰り返して、すべてのテキスト設定をスタイルとして登録しましょう。

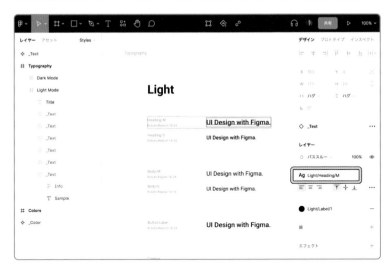

esc を押すと登録したスタイルが右パネルに表示されます。スタイルの編
集や並べ替えは色スタイルと同様です。用途を説明文として入力しておき
ましょう①。

完了したら〔Typography〕のURLを取得して、この資料をエンジニアと共
有します②。

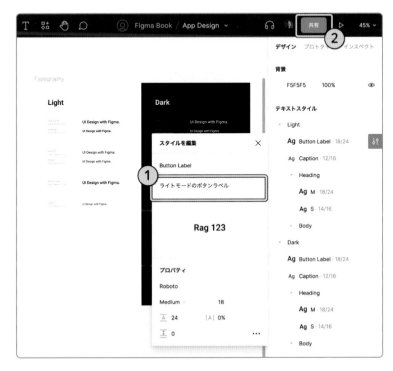

● テキストスタイルの適用

登録したテキストスタイルをデザインに適用しましょう。色スタイルと同じように、コンポーネント→画面の順序でスタイルを適用すると効率的です。

［Components］ページを開きます。

ライトモードの〔Story Item > Name〕を選択します①。テキストスタイルパネルを開き②、［Light/Caption］を選択してください③。

ダークモードの〔Story Item > Name〕には［Dark/Caption］を適用します。

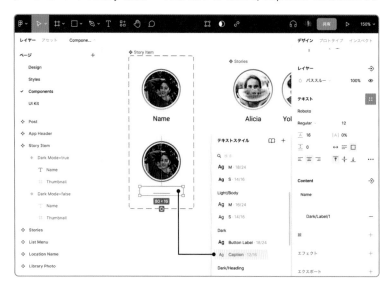

そのほかも同様です。

〔Post〕にはライトモード、ダークモードの両方を使用し、それ以外のコンポーネントにはダークモードのテキストスタイルを適用してください。

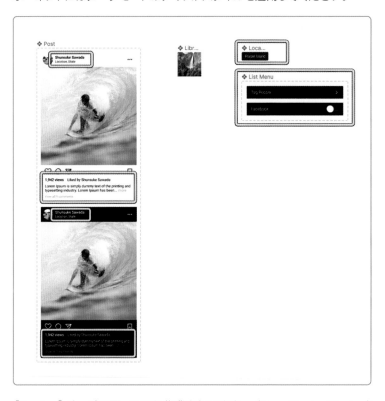

[Design]ページに戻って同じ作業を行います。〔New Post - Photos〕、〔New Post - Details〕、〔Story〕の各テキストオブジェクトにダークモードのテキストスタイルを適用してください。ホーム画面の作業はありません。

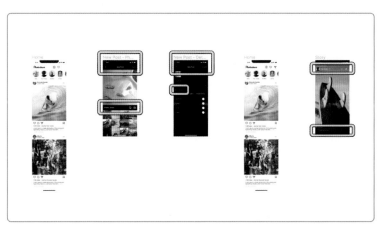

以上でテキストスタイルの作業は完了です。一貫性と保守性を高め、共同作業と実装を効率化するにはテキスト設定の管理も欠かせません。変更が必要な場合は、個別のテキストオブジェクトではなくテキストスタイルを編集してください。

SAMPLE FILE

Chapter 6 - 03

04

画面サイズ

画面サイズが変わってもアプリのレイアウトが破綻しないデザインを作成しましょう。

◉ ホーム画面

ホーム画面の横幅をiPhone 14 Pro Maxのサイズである［W: 428］に変更してください。右側に余白ができてレイアウトが破綻します。［制約］を使ってこのようなサイズ変更に対応しましょう。

〔App Header〕の横幅を［W: 428］に変更します①。［スクロール時に位置を固定］のチェックを外し②、水平方向の［制約］を［左右］に変更してください③。

［制約］の設定後は［スクロール時に位置を固定］のチェックを戻しておきます。

memo

チェックを外さないと［左右］が選択できない現象はバグの可能性があります。今後改善されるかもしれません。

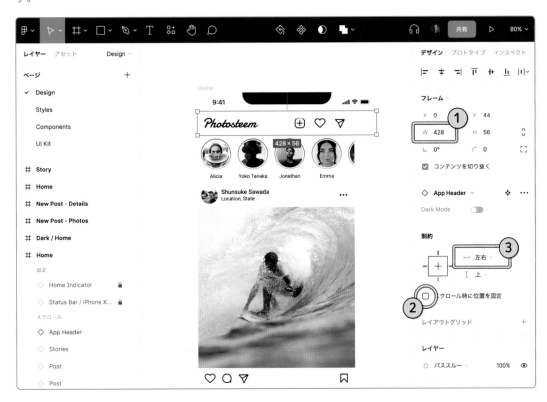

〔App Header〕の外枠は横幅いっぱいに広がりましたがボタンの位置は変わっていません。［Components］ページで［制約］を設定しましょう。

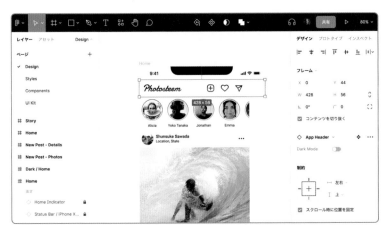

〔App Header〕の〔Button 1〕、〔Button 2〕、〔Button 3〕を選択し、
水平方向の［制約］を［右］に変更してください。ライトモードとダークモード
の両方を変更します。

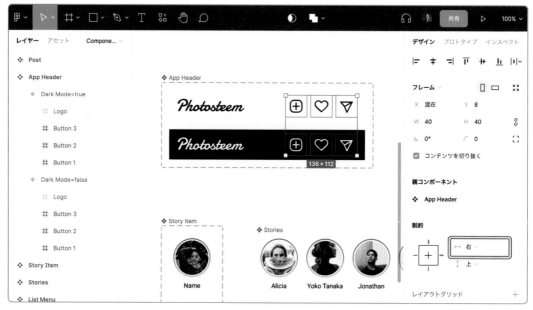

［Design］ページに戻ると位置が更新されています。

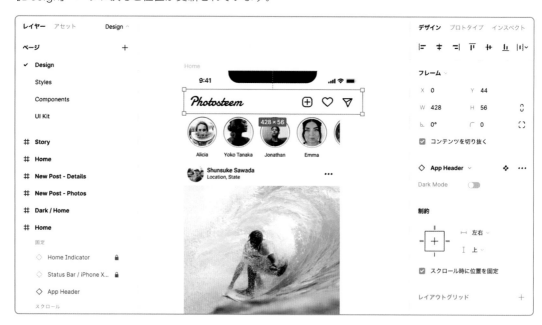

〔Stories〕と2つの〔Post〕の横幅を［W: 428］に変更し、水平方向の
［制約］を［左右］に変更してください。〔Post〕の右側に生じている余白は
［Components］ページで修正します。

〔Post〕コンポーネントの子要素を選択し、水平方向の［制約］を［左右］に
変更します。ライトモードとダークモードの両方を変更してください。

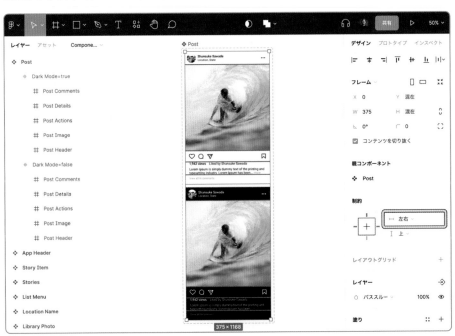

〔Post Header > Button〕と〔Post Actions > Button 4〕を選択して、
水平方向の［制約］を［右］に変更します。

［Design］ページに戻ると〔Post〕の余白が消えているはずです。〔Home〕
の横幅を［W: 375］に戻してください。

W: 428

W: 375

⬤ 写真の選択画面

〔Page Header〕の［スクロール時に位置を固定］を無効化して、水平方向
の［制約］を［左右］に変更します。設定後は［スクロール時に位置を固定］
を元に戻します。

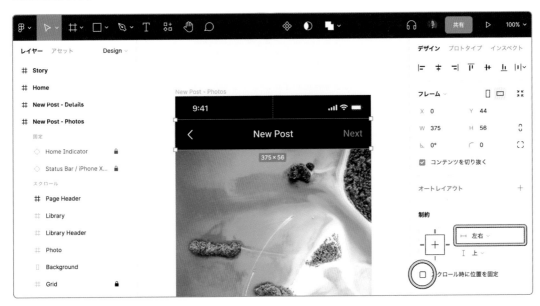

〔Page Header > Title〕を選択し、水平方向の［制約］を［中央］に変更し
ます①。〔Page Header > Button 2〕は［右］に設定してください②。

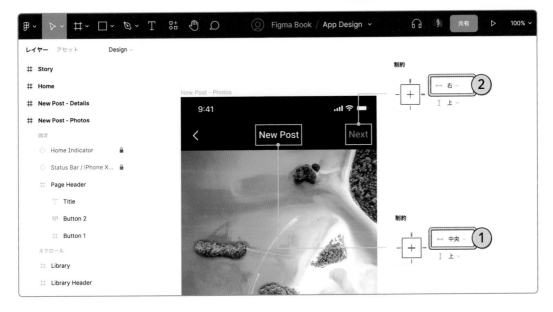

そのほかの要素も［制約］を変更してください。

スペック

⌗Photo
- 制約：
  - 左右
  - 上

⌗Library Header
- 制約：
  - 左右
  - 上

スペック

⌗Button 1
- 制約：
  - 右
  - 上

⌗Button 2
- 制約：
  - 右
  - 上

スペック

Library

- 制約：
  - 左右
  - 上下

実現できないリサイズ

正方形を維持したまま〔Library Photo〕を自動でリサイズさせたいのですが、［制約］では実現できません。画面サイズを変更する場合は手動でリサイズしてください。

実装方法をエンジニアと相談したい部分です。コメントを残しておきましょう。

そのほかの画面は説明を省略します。［制約］の設定はサンプルファイルを参照してください。

デバイスによって異なる仕様

特定のデバイス向けにデザインを作成する場合は、画面サイズだけでなくノッチの形状やSafe Areaによってデザインを調整する必要があります。

SAMPLE FILE
Chapter 6 - 04

283

05 UIスタック

UIデザインにおいて考慮すべき5つの状態をまとめた「UIスタック」という考え方があります。アプリの実装には、これら5つの"State（状態）"に対応するデザインが必要です。

①	Blank State	初回起動時や検索結果が0件の場合など、表示すべきデータが何もない状態です。
②	Loading State	データの読み込み中です。
③	Partial State	部分的には満たされているが完全ではない状態です。SNSであればフォローしている人数が少ない場合などが該当します。
④	Error State	不測の事態だけでなく、ユーザーの入力が正しくなかった場合なども含まれます。
⑤	Ideal State	すべてが期待通りに揃っている理想的な状態です。

以下はUIスタックを意識したホーム画面です。

繰り返しを避けるためにデザイン作業の詳細は省略します。最終的なデザインはサンプルファイルを確認してください。

● Blank State

SNSアプリの初回起動時は友達とつながっておらず、表示すべき投稿がありません。単に「見つかりませんでした」と提示するのではなく、ユーザー行動を促す画面が必要です。

簡潔な説明文と、フォローするためのカードを配置しました。

レイヤー名：Home/Blank

⊙ Loading State

コンテンツが想起されるプレースホルダーを配置しました。
〔Post〕コンポーネントのバリアントで簡単に切り替えられ
るよう作成しています。また、ホーム画面を表示する前に
1秒間のLoading Stateが入るようプロトタイプを変更して
います。

レイヤー名:Home/Loading

⊙ Partial State

フォローしている友達が少ないと十分な写真を表示できな
いため、"不完全の状態"といえます。改善策として、フォ
ローを増やすためのカードを投稿の間に入れ込みました。
Blank StateのUIを再利用しています。

レイヤー名:Home/Partial

⬤ Error State

通信の中断や予期せぬサーバーエラーは必ず発生します。
ユーザーのインターネットが途切れたと仮定してシンプル
なエラー画面を作成しました。

レイヤー名：Home/Error

⬤ Ideal State

すべてのデータが揃って十分な量のコンテンツを表示でき
る状態です。プラクティス編で作成したデザインがIdeal
Stateです。

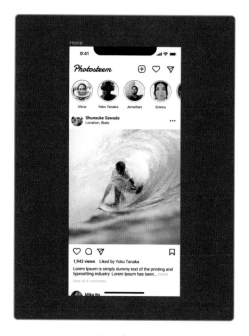

レイヤー名：Home

SAMPLE FILE
Chapter 6 - 05

06 インタラクティブコンポーネント

アニメーションを実装するにはデザイナーによる動きやタイミングの指示が
必要ですが、そんなときは「インタラクティブコンポーネント」が便利です。
投稿をLIKEしたときのマイクロインタラクションを作成しましょう。

マイクロインタラクション

状態の変化やアクションに対する細やかな工夫を「マイクロインタラクショ
ン」といいます。

⬤ プロトタイプの設定

[Components]ページで作業します。

右パネル[プロトタイプ]タブを開き、デバイスを[iPhone 11 Pro]に設定し
ます①。縦レイアウト(Portrait)になっているか確認してください②。

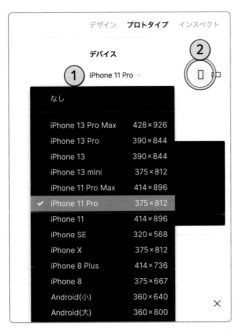

[Components]ページでは画面デザインを作成しませんが、デバイスの設
定によってインタラクションの設定メニューが異なるため[iPhone 11 Pro]
を選択しました。デバイスの設定はページごとに保存されます。

○ バリアントをつなぐ

〔Post〕コンポーネントの〔Post Actions ＞ Button 1〕を複製してください。名前を「Like Button」に変更してコンポーネント化します。

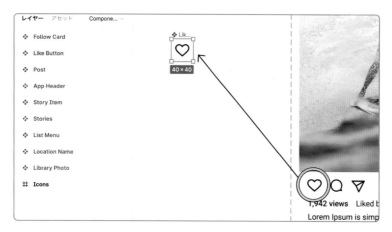

インタラクティブコンポーネントは同じコンポーネントのバリアント同士をつなぐ機能です。 ツールバーのアイコンをクリックしてバリアントを作成してください。

バリアントのプロパティ名を［Liked］に変更し、［false］と［true］のブーリアン型を設定します①。［Liked: true］の見た目を図のように変更しましょう②。

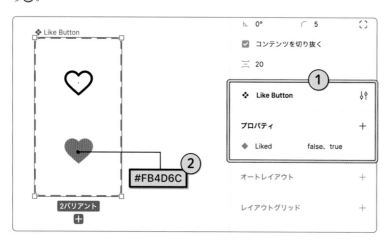

インスタンスの切り離し

インスタンスのベクターパスは編集できません。［Liked: true］のデザインを作成するには、［インスタンスの切り離し］を実行し、〔Heart〕アイコンを通常のフレームに変換する必要があります。

SHORTCUT

インスタンスの切り離し

Mac	⌘	option	B
Win	ctrl	alt	B

右パネルから[プロトタイプ]タブを選択し①、[Liked: false]から[Liked: true]へヌードルをつなぎます。

インタラクションの設定は以下の通りです②。

トリガー	タップ
アクション	次に変更［Liked: true］
アニメーション	即時

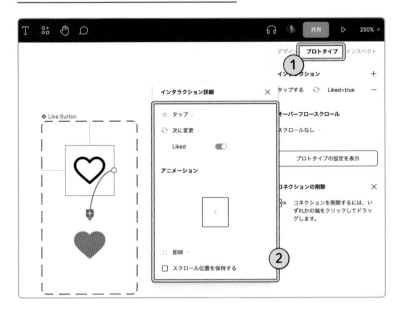

逆方向もヌードルをつないでください。

トリガー	タップ
アクション	次に変更［Liked: false］
アニメーション	即時

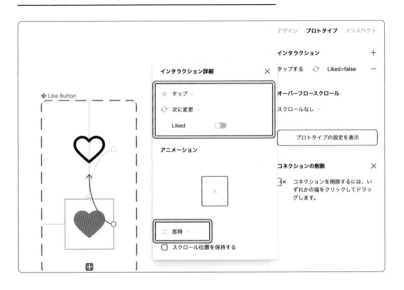

アニメーションはありませんがインタラクティブコンポーネントの基礎が完成
しました。〔Post〕コンポーネントに配置しましょう。

［Liked: false］のバリアントをコピーします①。〔Post Actions ＞ Button
1〕を右クリックして［貼り付けて置換］を実行してください②。

プロトタイプを開いてLIKEボタンが反応することを確認します。

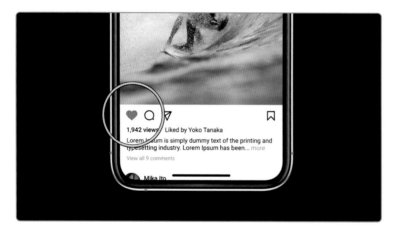

◯ 慣性とアニメーション

物体には運動を維持しようとする「慣性」があり、慣性を意識するとアニメーションが魅力的になります。たとえば、右方向に移動するアニメーションは次のように考えます。

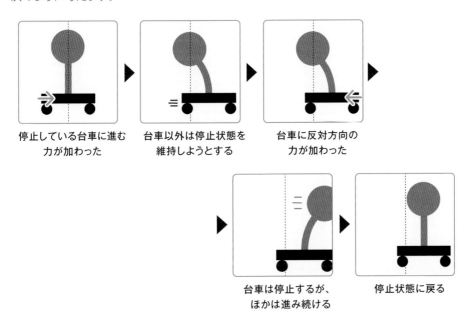

停止している台車に進む
力が加わった

台車以外は停止状態を
維持しようとする

台車に反対方向の
力が加わった

台車は停止するが、
ほかは進み続ける

停止状態に戻る

LIKEボタンにも慣性を取り入れたアニメーションを追加しましょう。以下のステップを意識してインタラクティブコンポーネントを修正します。

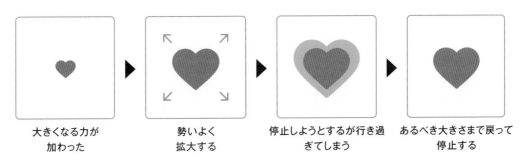

大きくなる力が
加わった

勢いよく
拡大する

停止しようとするが行き過
ぎてしまう

あるべき大きさまで戻って
停止する

バリアントの追加

[Liked: true]のバリアントを選択して[Liked]の値を[false]に変更してください。

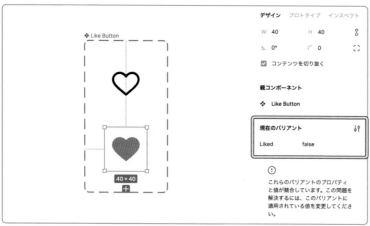

memo

[Liked: false]のバリアントが重複して存在するため警告が表示されますが後ほど解消します。

これらのバリアントのプロパティと値が競合しています。この問題を解決するには、このバリアントに適用されている値を変更してください。

2番目のバリアントを複製して新しいバリアントを作成し①、[Liked]の値を[false]に設定します②。

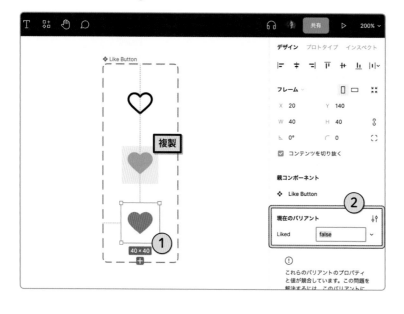

SHORTCUT

複製

Mac	⌘	D
Win	ctrl	D

同じように3番目のバリアントを複製します①。最後のバリアントは［Liked］
を［true］に設定してください②。

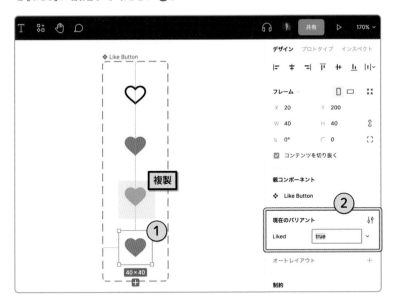

コンポーネントセットを選択し③、プロパティの➕から［バリアント］をクリッ
クします④。プロパティの名前を「Step」に設定しましょう⑤。

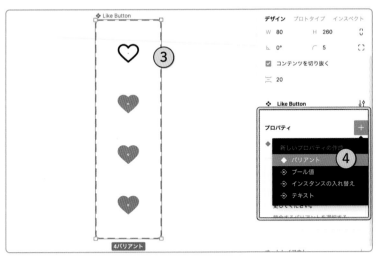

1番目のバリアントを選択し①、［Step］の値を［1］に変更してください。プロパティの組み合わせが重複しなくなるため警告が消えます。

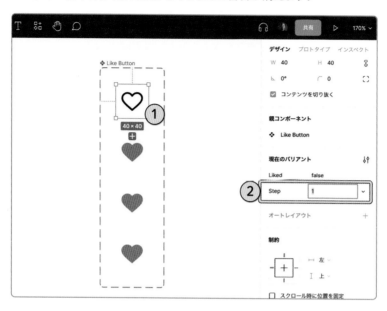

同じように2番目を［Step: 2］、3番目を［Step: 3］、4番目を［Step: 4］に設定します。すべてのバリアントから警告が消えます。

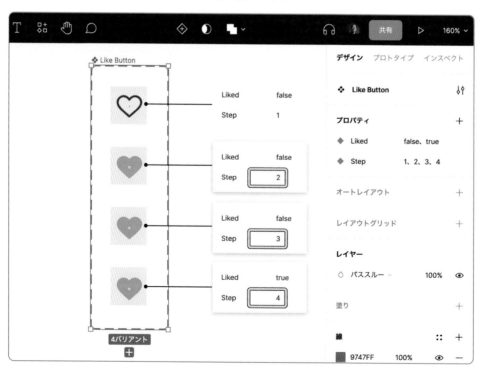

ハートの大きさを変更します。[Step: 2]は[Step: 1]より小さく①、
[Step: 3]は[Step: 4]より大きくしてください②。[Step: 1]と[Step:
4]は変更しません。これでアニメーションの準備が整いました。

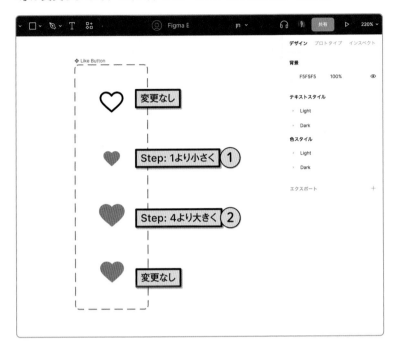

インタラクションの設定

バリアントが[Step: 1]→[Step: 2]→[Step: 3]→[Step: 4]→[Step:
1]と切り替わるようにインタラクションを設定します。

[Step: 1]

[Step: 1]のバリアントを選択し①、インタ
ラクション設定をクリックします②。以下の
通りになっているか確認してください③。

トリガー	タップ
アクション	次に変更[Step: 2]
トランジション	即時

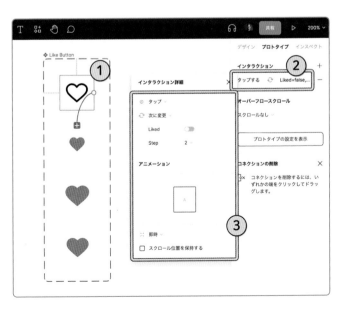

295

[Step: 2]

同様に①、②の順序でクリックし、インタラクションの設定を行います③。
[アフターディレイ] は指定ミリ秒数待つためのトリガーです。すぐに次の
ステップに進むよう [1ms（最小値）] を指定しています。

トリガー	アフターディレイ 1ms
アクション	次に変更 [Step: 3]
トランジション	スマートアニメート
イージング	イーズアウト
所要時間	100ms

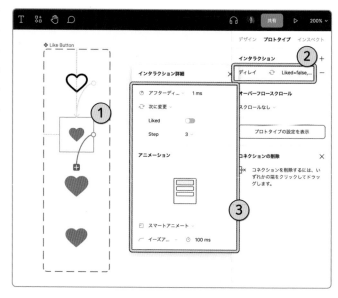

[Step: 3]

同じく①、②、③の順序で作業してください。100ミリ秒かけて [Step:
2] から [Step: 3] に移動しますが、再度 [アフターディレイ] で次のステッ
プに進みます。

トリガー	アフターディレイ 1ms
アクション	次に変更 [Step: 4]
トランジション	スマートアニメート
イージング	イーズアウト
所要時間	50ms

[Liked: true] に対応するバリアントは
[Step: 4] しか存在しないため、[次
に変更] を [Step: 4] に設定すると自
動的に [Liked] が [true] に変更されま
す。

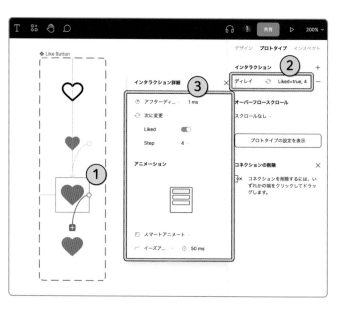

[Step: 4]

[Liked: true]はLIKEされている状態であり、ここでアニメーションは終了します。再度タップしたらLIKEを取り消せるようにインタラクションを設定してください。①、②、③の順序で作業します。

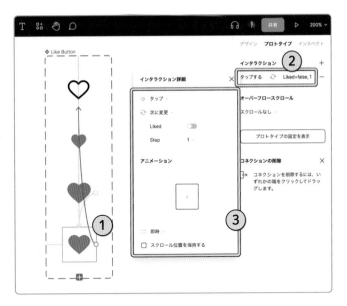

トリガー	タップ
アクション	次に変更［Step: 1］
トランジション	即時

プロトタイプを確認してください。LIKEボタンをタップすると弾むようなアニメーションとともにハートが切り替わり、もう一度タップすると元の状態に戻ります。

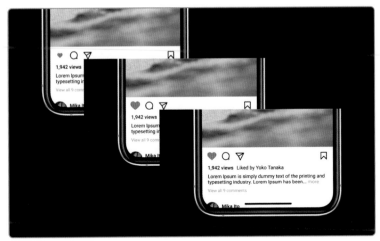

ダークモードにも配置できるよう〔Dark/Like Button〕を作成しておきましょう。変更点は［Step: 1］の色スタイルを入れ替えるだけです。

⬤ ファイルの確認

以上でプラクティス編は終了です。本書では以下の4ページを作成しました。

Design

アプリの画面デザインです。

Components

繰り返し使用するコンポーネントを一元管理します。

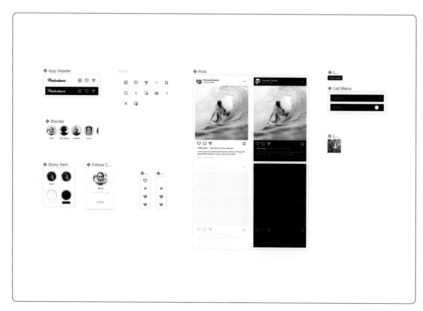

Styles

色スタイルとテキストスタイルを俯瞰するページです。

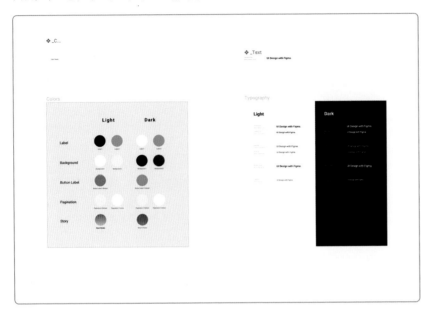

UI Kit

外部ファイルから取り入れたコンポーネントを格納しています。

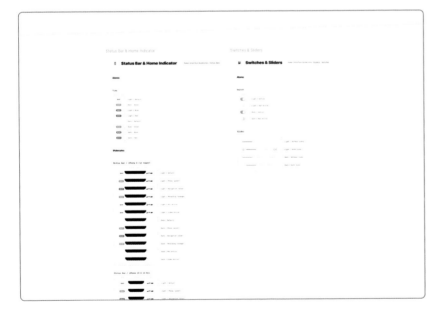

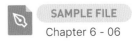

SAMPLE FILE
Chapter 6 - 06

肩書きはなに?

私のキャリアのスタートは青山にあるデザイン会社です。志望していたグラフィックデザインをはじめ、コピーライティング、映像制作、ウェブ制作、空間デザインなど、多様な仕事を経験させてもらいました。いまはアプリやウェブが中心ですが、UIデザイン、エンジニアリング、プロダクトマネージメント、サービス設計、オンライン講師など、相変わらず分野にこだわらない働き方をしています。だからこそいろいろなプロジェクトからお声がけいただき長い間フリーランスとして活動できています。もちろんスペシャリストに憧れた時期もありましたが、好奇心に任せてゼネラリストの道を歩んできました。

こんな経歴なので「お仕事は?」と聞かれても「デザイン関係で…」とお茶を濁しています。自分の仕事はこれ!と決めたくないですし多様化の時代だとは思いますが、ひとことで自己紹介できる「肩書き」があれば印象に残りやすいのも事実です。本書の執筆によって「Figmaの本の人」と覚えてくれる方がいるかもなと、ひそかに期待しています。

Chapter 7

ノンデザイナーのための Figma

デザインファイルを扱う方法をエンジニアとプロダクトマネージャー（PdM）向けに解説します。両者の視点を意識できればプロジェクト全体の効率化につながるため、デザイナーとしても知っておきたい内容です。

01

エンジニアのためのFigma

アカウントを作成済みで、編集権限のある状態を前提としていますが、閲覧者の場合についても補足解説しています。

⬤ 基本的な操作

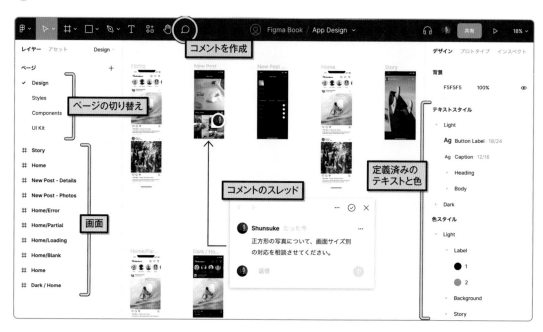

デザインの確認に便利なショートカット

	Mac	Windows
コメントモードに切替	`C`	`C`
[移動]ツールに切替	`V`	`V`
画面の移動	`space` を押しながらドラッグ	`space` を押しながらドラッグ
選択している画面にズームイン	`shift` `2`	`shift` `2`
すべての画面が入るようにズームアウト	`shift` `1`	`shift` `1`
コマンドを検索して実行	`⌘` `/`	`ctrl` `/`
ツールバーと左右のパネルを隠す	`⌘` `¥`	`ctrl` `¥`
ショートカットを表示	`control` `shift` `?`	`ctrl` `shift` `?`

選択

⌘（Mac）／ ctrl （Windows）を押しながらクリックすると、入れ子になっているオブジェクトをすぐに選択できます。ダブルクリックすると1階層下のオブジェクトを選択します。

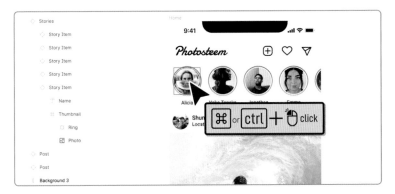

レイヤーの選択に便利なショートカット

	Mac	Windows
子要素を選択	enter	enter
親のレイヤーを選択	shift enter	shift enter
次のレイヤーを選択	tab	tab
前のレイヤーを選択	shift tab	shift tab
レイヤー表示を折りたたむ	option L	alt L

測定

オブジェクト同士の間隔を測定するには、オブジェクトを選択した状態で option （Mac）／ alt （Windows)を押しながら別のオブジェクトにマウスオーバーします。

⬤ ［インスペクト］タブ

選択しているオブジェクトの詳細なプロパティが表示されます。

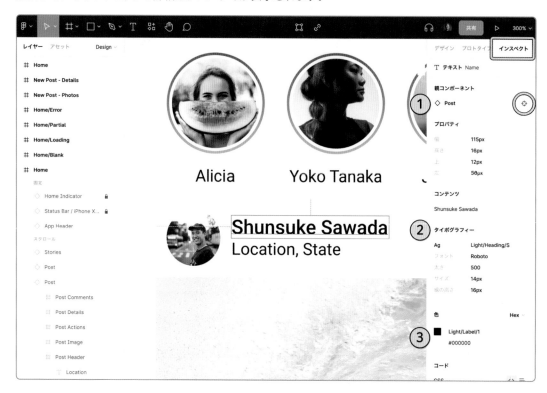

---

① コンポーネントの子要素である場合に表示されます。アイコンをクリックすると親のコンポーネントを選択できます。

② テキストの名前と設定を確認できます。

③ 色の名前と値を確認できます。

テキストや色に名前が付いていない場合はデザイナーに確認してみましょう。スタイルの適用漏れ、デザインの作業中、スタイルの未定義などが考えられます。

名前があるテキスト　　　　名前がないテキスト

```css
CSS ∨

position: absolute;
width: 115px;
height: 16px;
left: 56px;
top: 12px;
```

◉ ［デザイン］タブ

編集権限があると［デザイン］タブを使用できるため、［インスペクト］タブ
よりも多くの情報を確認できます。

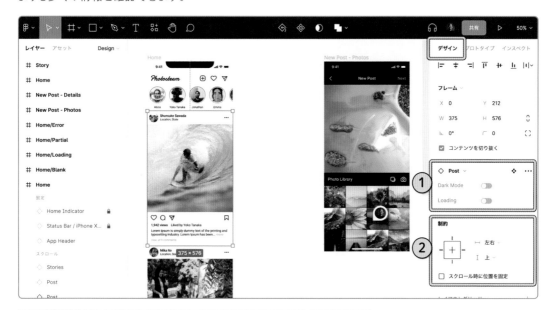

---

① コンポーネントやデザインを切り替えるためのプロパティが表示され
ます。❖をクリックして元のコンポーネントにジャンプします。

② レイアウトの［制約］です。画面サイズや文字数が変わったときの挙動
が指定されています。デザイナーの考えを表現できる部分なので、
指定されていない場合は相談してみましょう。

画像の書き出しは［デザイン］タブの最下部で行います。@2xや@3xなど
の画像を一度に保存できます。閲覧権限の場合は後述します。

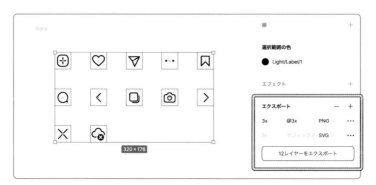

チャットやスライドに貼るための画像は以下のショートカットが便利です。
ファイルとして保存せずに他のアプリケーションに貼り付けられます。

	Mac	Windows
PNG画像としてコピー	⌘ shift C	ctrl shift C

⦿ ［プロトタイプ］タブ

［プロトタイプ］タブを表示すると、画面同士のつながりが視覚化されます。

①	再生ボタンをクリックするとプロトタイプが開きます。画面右上の［再生］ボタンも同様です。
②	画面を結んでいる矢印をクリックするとインタラクション詳細パネルが開きます。トリガーやアニメーションなどの情報を確認できます。
③	複数のシナリオがある場合は、［フロー］に一覧が表示されます。

● バージョン履歴（変更履歴）

ファイルのバージョン履歴（変更履歴）を確認できます。無料プランは過去
30日間に限定されます。

編集者の場合	バージョン履歴（変更履歴）を新規に作成できます。過去バージョンのリストアも可能です。
閲覧者の場合	過去バージョンの閲覧は可能ですがリストアはできません。

● プラグイン

開発者向けのAPIやドキュメントが充実していま
す。Figmaの操作のほとんどをコードで記述で
きるため、ちょっとしたツールを簡単に自作でき
ます。

Figma developer platform
🔗 https://www.figma.com/developers

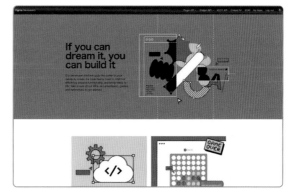

● 編集権限がない場合

閲覧者としてファイルに招待されている場合、[デザイン]と[プロトタイプ]
タブが表示されません。編集者に変更できない場合は以下を参考にしてく
ださい。

[制約] の確認

閲覧権限しかない場合は、[制約]を確認できません。[インスペクト]タブ
のコードで挙動を推測する必要があります①。

プロトタイプの確認

---

① [インスペクト]タブのフローにある 🔗 アイコンをクリックすると画面同士のつながりが表示されます。

② 画面をつなぐ矢印をクリックすると画面遷移時のアニメーションやタイミングを確認できます。

画像の書き出し

画像の書き出しは［エクスポート］タブで行います。

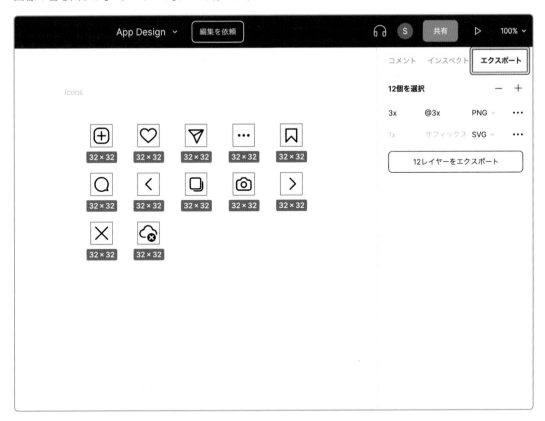

ファイルの複製

ツールバーの［ドラフトに複製］を実行すると、自分をオーナーとしてファイルを複製できます。複製することで編集権限を得られますが、元ファイルと分離するため通常は避けたほうがよい操作です。

02

プロダクトマネージャーのための Figma

資料作成、プレゼン、アイディエーションなどにもFigmaが活躍します。プロダクトマネージャーがよく利用する機能をまとめました。編集権限のある状態を前提としています。間違ってデザインを変更しないよう注意してください。

🔵 よく使う機能

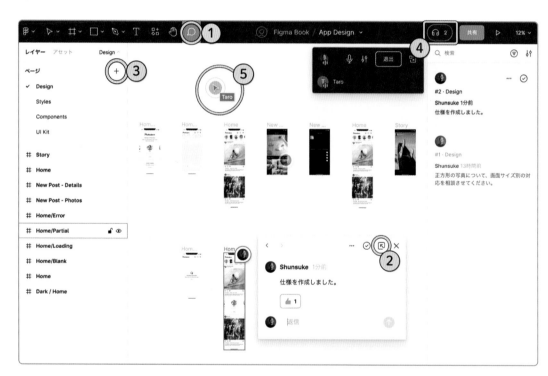

① キーボードの C を押すかアイコンをクリックしてコメントモードに切り替えます。作成されたコメントは右パネルに表示されます。

② クリックするとコメントのスレッドが"ピン留め"され、コメント以外の操作をするときもスレッドを表示しておけます。

③ 新しいページを作成できます。同じファイルを使って資料作成する場合は、間違ってデザインを変更しないよう専用のページを用意しておくと安全です。

④ 有料プラン限定になりますが、音声通話を開始できます。

⑤ 同じファイルにアクセスしているユーザーのマウスカーソルです。音声通話している場合、発言者のマウスカーソルの周りに波紋が広がります。

● 資料作成

仕様やプレゼンのための資料は「フレーム」という枠の中に作成します。1
つのフレームが資料の1ページです。キーボードの F を押して右パネルか
らテンプレートを選択するとフレームを作成できます①。名前を変更するに
はフレームの名前をダブルクリックします②。

［手のひら］ツール

space を押している間だけ
［手のひら］ツールに切り替
わり、キャンバスを移動できま
す。

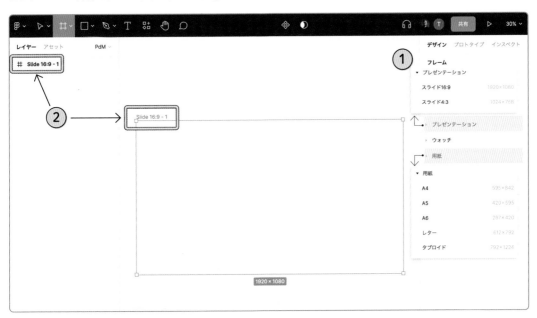

デザイナーが作成した成果物をそのまま資料に貼り付けられ③、デザインが
コンポーネント化されている場合は、変更がリアルタイムに反映されます。
［テキスト］ツールで文章を入力し④、［ペン］ツールで線を引きます⑤。

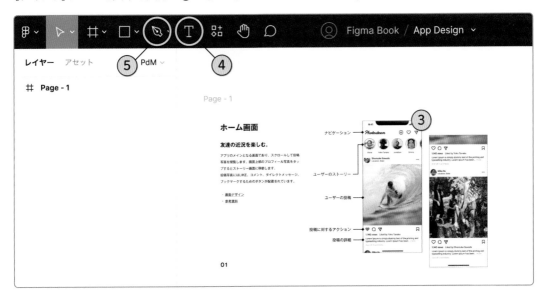

● フローチャート

『Autoflow』はフローチャートの"矢印"を素早く作成するためのプラグイン
です。リソースパネルを開いて①、「Autoflow」を検索し［実行］ボタンを
クリックして起動します②。

memo

Autoflowの目的は説明のた
めの矢印を作成することで
す。Chapter 4で解説してい
る「プロトタイプ」とは関係あ
りません。

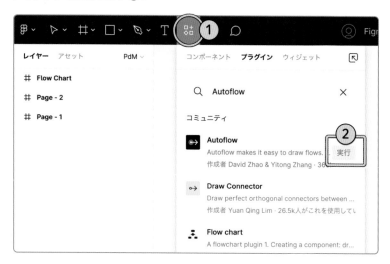

実行するとAutoflowのパネルが表示され、始点と終点の形状、線の設定、
色を変更できます①。オブジェクトを選択し②、 shift を押しながら別のオ
ブジェクトをクリックすると両者をつなぐ矢印が作成されます③。Autoflow
のパネルが表示されている状態であれば、オブジェクトを移動しても矢印
が追従します。

SHORTCUT

クイックアクション

Mac	⌘	/
Win	ctrl	/

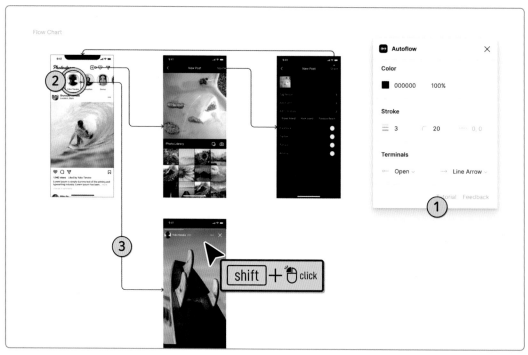

⬤ テキストリンク

特定の画面デザインやウェブサイトを開くためのリンクを作成できます。

URLの取得

画面デザインへのリンクを作成する場合は、画面を選択して①［共有］ボタンをクリックします②。表示されるパネルの［リンクをコピーする］をクリックしてURLを取得します③。

リンクの設定

テキストを選択して［リンクの作成］をショートカットで実行します。URLを入力して enter を押すとリンクが設定されます。ファイル内のURLだけでなく、外部ウェブサイトのURLも設定可能です。

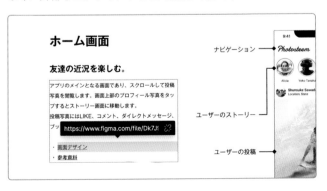

SHORTCUT

リンクの作成

Mac	⌘ K
Win	ctrl K

● フレームの書き出し

フレームは画像やPDFとして書き出しが可能です。書き出したいフレームを選択し、右パネル下部の[エクスポート]で⊞をクリックします①。ファイル形式を選択して②、[... レイヤーをエクスポート]をクリックするとファイルを保存できます③。

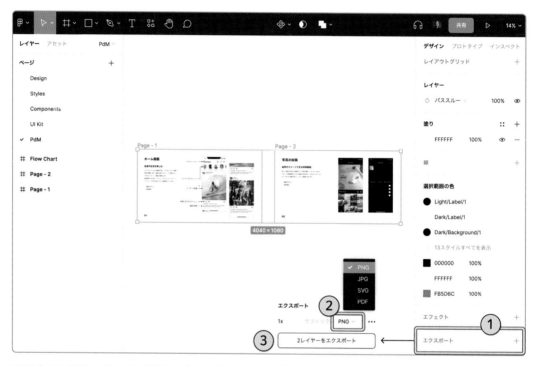

PDFを1つのファイルとして書き出すには[ファイル] > [フレームをPDFにエクスポート]を使用します。選択しているページ内のすべてのフレームが書き出されるので注意してください。フレームにテキストリンクが含まれている場合、PDFでもテキストリンクをクリックできます。

⭕ FigJam

FigJamは仕様作成やワークショップなどに最適なファイル形式です。無料
プランでは3ファイルに限定されますが、招待できるユーザー数は無制限
です。

FigJamはコミュニケーションのための機能が充実しています。

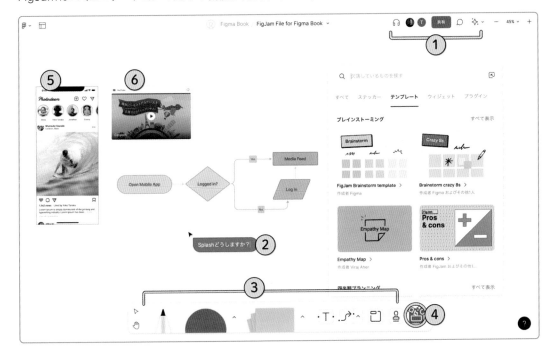

① コメント、ファイルの共有、音声通話など、デザインファイルと同じような機能を備えています。

② キーボードの ⌨ を押すと自分のマウスカーソルにメッセージを表示できます。オンラインミーティングなどで発言を遮らずに注意を引きたい場合に便利です。

③ 図形や矢印を作成するためのツールです。スタンプも押せます。

④ 投票やタイムトラッカーなどのウィジェットを追加できます。はじめてFigJamを利用する場合は、ここからテンプレートを配置すると使い方の理解が早まります。

⑤ Figmaのオブジェクトをそのまま"オブジェクトとして"貼り付けられます。テキストの上書きも可能です。

⑥ ウェブサイトのURLを貼り付けるとプレビューが作成されます。YouTubeなども再生できます。

INDEX

著者とFigma

デザインの仕事をしているとデータ収集やレイアウトの量産作業など、ときには単調でつまらない作業も必要になります。残念なことにコツコツと作業して完成させた成果物には修正がつきもの。こんなときには「私の頑張りを無駄にするなんて!」と修正を嫌がる感情が生まれるものです。時間がかかるだけでなく単純作業によるストレスが溜まるので当然なのですが、大量の修正作業が10分で終わるとしたらどうでしょう。修正を依頼した人が喜ぶのはもちろん、デザインの検証を素早く繰り返すことでエンドユーザーに提供する体験がより洗練されることに。コンポーネント、オートレイアウト、スタイル、プラグインなどを組み合わせた「変更に強いデザイン」が重要である理由はここにあります。

私のモットーはアイディエーションやコンセプトワークなどの「考える仕事」に時間を使えるよう、単純作業をできるだけ短縮すること。また、雑談、散歩、読書など、仕事とは関係のない「あそび」を意識的に入れ込むことで生産性(プロダクティビティ)と創造性(クリエイティビティ)が両立するよう心がけています。「考える仕事」にしろ「あそび」にしろ時間がなければ絵空事。退屈な作業は自動化または仕組み化しておきたいところです。作業負担も軽減され、関係者とユーザーが喜び、アイデアが育つ余白も残せる理想的な仕事をする。これを実現するためのツールとして、私はFigmaを選択しています。

著者のオンライン講座

25,000人以上が受講するベストセラー。著者と一緒につくりながら学習できます。
🔗 https://www.udemy.com/user/shunsuke-sawada/

著者プロフィール

沢田 俊介 _(サワダ シュンスケ)

UI/UXデザイナー、プロダクトマネージャー、オンライン講師。1982年生まれ、東京工芸大学メディアアート表現学科卒業。7年間デザイナーとして従事したあと海外に移住、現在は日本。国内外問わずアプリやウェブの開発を中心に活動している。Global Startup Battle 2014 世界6位。

🐦 @shunwitter

レビュー協力

BirthDesign、Tony（カラクリ）、伊藤 駿介、石原 亜希、内山 恵、駒﨑 智紀、今野 匡太、塩澤 達矢、篠原 佑友、瀬川 真央、滝沢 将也、田中 星羽、中越 健太、林 紘子、星野 結水

サポートサイト

🔗 https://www.figbook.jp/

フィグマ　フォー　ユーアイ

Figma for UIデザイン[日本語版対応]
アプリ開発のためのデザイン、プロトタイプ、ハンドオフ

2022年11月14日　初版第1刷発行
2024年5月25日　初版第3刷発行

著者	沢田 俊介 _(サワダ シュンスケ)
発行人	佐々木 幹夫
発行所	株式会社 翔泳社（https://www.shoeisha.co.jp）
印刷・製本	株式会社 シナノ

ISBN978-4-7981-7295-8　Printed in Japan